普通高等教育"十三五"规划教材

金属材料工程专业
实验指导书

主　编　罗　雷
副主编　何晓梅　王庆娟

北　京
冶　金　工　业　出　版　社
2019

内 容 提 要

本实验指导书分五部分共37个实验,主要包括金属学、金属材料热处理、材料力学性能、材料物理性能、材料分析检测技术、金属表面工艺学、金属塑性工艺学等金属材料专业主干课程的专业基础实验和专业实验。实验内容按照材料科学基础实验、材料性能测试实验、材料组织结构及成分分析实验、材料的液态成型实验、材料表面及热处理实验五个模块进行编排,实验项目设置紧密配合金属材料专业课程教学,达到理论与实践相结合的目的,实验内容以全面培养学生的创新实践能力和科学研究能力为宗旨。

本实验指导书可以作为金属材料工程、材料成型与控制工程、材料学、材料物理化学等相关专业本科生系列课程实验教学的教材,也可供材料科学工程专业的研究生、相关教师和专业技术人员参考。

图书在版编目(CIP)数据

金属材料工程专业实验指导书/罗雷主编. —北京:
冶金工业出版社,2019.7
普通高等教育"十三五"规划教材
ISBN 978-7-5024-8151-3

Ⅰ.①金… Ⅱ.①罗… Ⅲ.①金属材料—实验—高等学校—教材 Ⅳ.①TG 14-33

中国版本图书馆 CIP 数据核字(2019)第 144291 号

出 版 人 谭学余
地   址 北京市东城区嵩祝院北巷 39 号 邮编 100009 电话 (010)64027926
网   址 www.cnmip.com.cn 电子信箱 yjcbs@cnmip.com.cn
责任编辑 于昕蕾 美术编辑 吕欣童 版式设计 禹 蕊
责任校对 郭惠兰 责任印制 李玉山
ISBN 978-7-5024-8151-3
冶金工业出版社出版发行;各地新华书店经销;三河市双峰印刷装订有限公司印刷
2019 年 7 月第 1 版,2019 年 7 月第 1 次印刷
169mm×239mm;10.25 印张;197 千字;155 页
28.00 元

冶金工业出版社 投稿电话 (010)64027932 投稿信箱 tougao@cnmip.com.cn
冶金工业出版社营销中心 电话 (010)64044283 传真 (010)64027893
冶金工业出版社天猫旗舰店 yjgycbs.tmall.com
(本书如有印装质量问题,本社营销中心负责退换)

前　　言

为更好地贯彻落实教育部卓越工程师培养计划，根据西安建筑科技大学金属材料工程综合实验教学大纲的要求，结合我院金属材料工程专业加强专业课程实践环节教学的需要，特编写本教材。本教材为金属材料工程专业系列课程的实验教材，可以作为《金属材料工程综合实验》课程的配套教材使用，也可供材料加工专业的研究生、相关教师及相关专业技术人员参考。

西安建筑科技大学冶金学院为了更好地培养学生分析、解决问题的能力，在加强理论教学的同时，大力加强实验教学。理论联系实际，学以致用的教学理念一直贯穿于本院教学的始终。实验研究是工科学生必备的知识和能力，实验教学的重要性不言而喻，一部好的实验教材至关重要。但是金属材料专业实验分别属于几门专业课程，相互联系不够紧密，为了使实验教学与理论课程紧密联系、配合默契，本书编写组将专业实验项目进行整理并重新编写。本书的内容在广度和深度上紧扣金属材料工程综合实验教学大纲的要求，主要包括材料科学基础、材料力学性能、材料物理性能、凝固原理及技术、材料分析检测技术、深加工工艺学Ⅰ、深加工工艺学Ⅱ、深加工工艺学Ⅲ、热处理设备与设计、材料腐蚀与防护、材料制备技术等课程的专业实验项目。

本实验教材由西安建筑科技大学冶金学院金属材料工程专业的部分教师编写，参加编写的人员有罗雷、何晓梅、王庆娟、杨西荣、刘晓燕、杨蕾。全书由罗雷老师负责统稿并担任主编，由何晓梅老师、王庆娟老师任副主编。另外，本书在编写过程中得到了西安建筑科技大学冶金学院的大力支持，谨在此一并表示衷心的感谢。

由于编者水平有限，若有不妥之处，恳请广大读者指正。

编　者

2019 年 3 月

目　录

第一部分　材料科学基础模块实验 ·· 1

实验 1　金相显微镜的构造、原理及使用 ··· 1

实验 2　金相样品的制备及显微组织观察 ··· 5

实验 3　钢的连续冷却 C 曲线测定实验 ·· 13

实验 4　奥氏体晶粒度的测定 ··· 16

第二部分　材料性能测试模块实验 ··· 19

实验 5　金属材料的拉伸实验 ··· 19

实验 6　金属材料压缩实验 ·· 24

实验 7　显微硬度实验 ··· 27

实验 8　金属材料冲击韧性实验 ··· 32

实验 9　金属材料断裂韧性实验 ··· 36

实验 10　材料线膨胀系数测定 ·· 41

实验 11　软磁材料直流磁性能测试实验 ··· 44

实验 12　金属的极化曲线的测定 ··· 48

实验 13　平面变形抗力 K 值的测定 ·· 52

实验 14　圆环镦粗法测定金属材料的摩擦系数 ···································· 55

实验 15　金属板料成型性能实验 ··· 61

实验 16　雷诺数测定实验 ··· 64

实验 17　流体流速和流量的测量方法 ··· 67

实验 18　陶瓷材料及复合材料制备球磨、混粉实验 ································ 69

第三部分　材料组织结构及成分分析模块实验 ····································· 72

实验 19　X 射线衍射技术及物相定性分析 ··· 72

实验 20　扫描电镜的结构、工作原理及使用方法 ··································· 79

实验 21　透射电镜的结构、成相原理及使用方法 ··································· 86

实验 22　透射电镜样品制备及组织观察 ··· 91

实验 23　选区电子衍射与衍射花样标定 ··· 96

实验24　钢中非金属夹杂物和组织缺陷分析 …………………………… 99

第四部分　材料的液态成型模块实验 ………………………………… 105

实验25　铸造产品质量分析 ………………………………………………… 105
实验26　成分、冷却条件变化铸铁凝固组织特性的影响 ……………… 114
实验27　铸造合金流动性及充型能力的测定 …………………………… 118
实验28　铝合金的熔炼与组织观察 ……………………………………… 121
实验29　铸造镁合金热应力测定 ………………………………………… 124
实验30　金属材料焊接性实验 …………………………………………… 126
实验31　焊接金相试样制备及硬度测试实验 …………………………… 130

第五部分　材料表面及热处理模块实验 ……………………………… 134

实验32　不锈钢电解抛光实验 …………………………………………… 134
实验33　箱式电阻炉结构与操作 ………………………………………… 138
实验34　箱式炉温度控制系统 …………………………………………… 142
实验35　计算机集散控制系统 …………………………………………… 144
实验36　井式气体渗碳炉结构与操作 …………………………………… 146
实验37　铝合金阳极氧化实验 …………………………………………… 151

参考文献 ……………………………………………………………………… 155

第一部分　材料科学基础模块实验

实验1　金相显微镜的构造、原理及使用

一、实验目的

（1）了解金相显微镜的成像原理、基本构造、各主要部件及元件的作用。

（2）学习和初步掌握金相显微镜的使用和维护方法。

（3）利用金相显微镜进行组织分析。

二、实验原理

金相分析是研究材料内部组织和缺陷的主要方法之一，它在材料研究中占有重要的地位。利用金相显微镜将试样放大 100～1500 倍来研究材料内部组织的方法称为金相显微分析法，是研究金属材料微观结构最基本的一种实验技术。显微分析可以研究材料内部的组织与其化学成分的关系；可以确定各类材料经不同加工及热处理后的显微组织；可以判别材料质量的优劣，如金属材料中诸如氧化物、硫化物等各种非金属夹杂物在显微组织中的大小、数量、分布情况及晶粒度的大小等。

金相显微镜用于鉴别和分析各种材料内部的组织。原材料的检验、铸造、压力加工、热处理等一系列生产过程的质量检测与控制需要使用金相显微镜，新材料、新技术的开发以及跟踪世界高科技前沿的研究工作也需要使用金相显微镜，因此，金相显微镜是材料领域生产与研究中研究金相组织的重要工具。

（一）显微镜的基本放大原理

金相显微镜的光学原理如图 1-1 所示，图中有两平行凸透镜组成一个透镜组，物体 AB 经物镜（对着所观察物体的透镜）和目镜（对着眼睛的透镜）放大后在人眼中形成颠倒放大的物象 $B''A''$。显然显微镜的放大倍数（M）为

$$M = M_物 : M_目 = (L/f_物) \times (D/f_目) = 250L/(f_物 \times f_目) \quad (1-1)$$

式中　$M_物$——物镜的放大倍数；

$\quad\quad M_目$——目镜的放大倍数；

$\quad\quad D$——人眼的明视距离；

$\quad\quad L$——镜筒的长度；

$f_物$——物镜的焦距；

$f_目$——目镜的焦距。

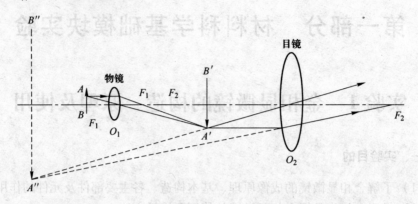

图1-1　金相显微镜的光学原理示意图

实际上，显微镜的放大倍数一般是通过物镜来保证的。物镜的最高放大倍数可达 100 倍，目镜的放大倍数可达 25 倍。显微镜的放大倍数一般用"×"表示，如物镜的放大倍数为 40×，而目镜的放大倍数为 10×，则显微镜的放大倍数为 400 倍，表示为 400×。

（二）显微镜的构造

显微镜的种类很多，但最常见的为台式、立式和卧式三大类型。不论何种结构，其基本由光学系统、照明系统和机械系统三大部分组成。图 1-2 为 XJP-3A 型显微镜的外观结构和光学系统图。灯泡发出一束光线，经聚光透镜组 1 的会聚及反射镜的反射，将光线聚集在孔径光栏上，经聚光镜组 2 再度将光线聚集在物镜的后焦平面上，最后通过物镜用平行光使试样表面得到充分均匀的照明，从试样散射回来的成像光线再经物镜组、辅助透镜、半反射镜、辅助透镜及棱镜等造成一个被观察的倒立的放大物像。经目镜的再次放大，观察者就能在目镜视场中看到试样表面最后的放大像。

XJP-3A 型显微镜的基本构造如下：

照明及光学系统——由装在底座内的低压灯泡、聚光镜、孔径光栏、反射镜、视场光栏和物镜、目镜等组成。它们的共同作用可产生符合要求的光线，使试样表面得到充分均匀的照明，并将从试样反射回来的光线送到观察者的眼中，使观察者能够看到经放大后的试样表面组织图像。

调焦装置——显微镜的两侧有粗调和细调手轮。旋转手轮可改变载物台的高度直至使目镜中看到的图像最清晰。

载物台——用于放置试样。在手的推动下，可引导载物台在水平面上做一定范围的移动，以改变试样的观察部位。

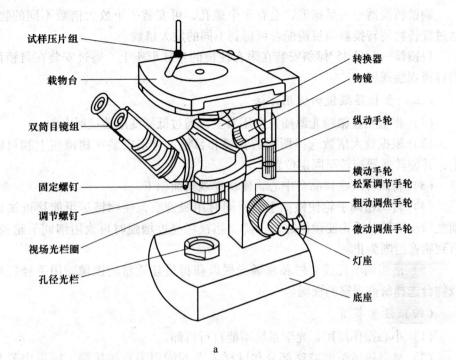

a

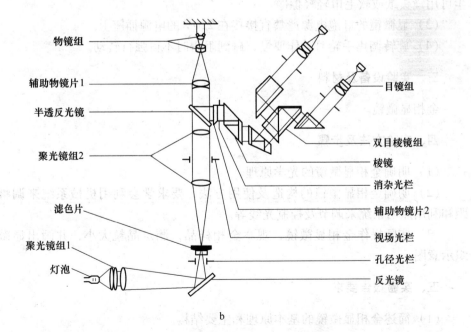

b

图 1-2　XJP-3A 型显微镜的光学系统和外观结构图

a—外观结构图；b—光学系统图

物镜转换器——呈球形，上有 3 个螺孔，可安装 3 个放大倍数不同的物镜。通过旋转物镜转换器与目镜配合可得到不同的放大倍数。

目镜筒——呈 45°倾斜安装在附有棱镜的半球形座上，通过安装在目镜筒上的目镜观察视场。

（三）金相显微镜的使用方法

（1）将金相显微镜光源插在变压器上，通过低压变压器接通电源。

（2）根据放大倍数选择所需的物镜和目镜，分别安装在物镜座上和目镜筒上，并使转换器旋转至固定位置。

（3）将试样放在样品台中心，使试样观察面朝下。

（4）转动粗调手轮使镜筒上升，同时用眼观察，使物镜尽可能接近试样表面然后反向转动手轮使镜筒逐渐下降。当视场亮度增强时再改用细调手轮调节，直到物像清晰为止。

（5）适当调节孔径光栏和视场光栏以获得最佳质量的图像，用手轻轻推动载物台选择所需观察的视场。

（四）注意事项

（1）小心操作使用，光学系统不能自行拆卸。

（2）显微镜镜头的玻璃部分和试样表面不能用手直接接触，镜头中若有灰尘可用镜头纸或软毛巾轻轻擦净。

（3）显微镜的灯泡电源严禁直接接在 220V 的电源插座上。

（4）旋转调焦手轮时动作要慢，碰到阻碍时不得强行转动。

三、实验设备及材料

金相显微镜。

四、实验方法及步骤

（1）明确金相显微镜的光学原理。

（2）明确金相显微镜的构造及使用方法，要求学会利用机械系统来调整焦距和利用照明系统来调节及控制光线等。

（3）实际操作金相显微镜，观察金相样品，测定晶粒大小，并画出显微组织示意图。

五、实验报告要求

（1）简述金相显微镜的基本原理和主要结构。

（2）画出所观察的显微组织示意图（注明放大倍数）。

（3）简述金相显微镜的使用方法及注意事项。

实验 2 金相样品的制备及显微组织观察

一、实验目的

（1）掌握金相试样的制备原理和制备过程。

（2）熟悉目前常用的金相显微组织显示方法。

（3）了解目前制备金相试样的先进技术。

二、实验原理

金相试样的制备程序通常包括取样、镶样、磨光、抛光、腐蚀等几道工序。为了避免出现"伪组织"而导致错误的判断，需要掌握正确的制样方法。

（一）取样

显微试样的选取应根据研究检测目的，取其最具有代表性的部位。此外，还应考虑被测材料或零件的特点、工艺过程及热处理过程。例如：对于铸件，由于存在偏析现象，应从表面层到中心等典型区域分别取样，以便分析缺陷及非金属夹杂物由表及里的分布情况；对轧制和锻造材料，应同时截取横向及纵向检验面，以便分析材料在沿加工方向和垂直加工方向截面上显微组织的差别；而对热处理后的显微组织，一般采用横向截面。

对于不同性质的材料，试样切取的方法各有所异（见图 2-1），但应遵循一个共同的原则，即应保证被观察的截面不产生组织变化。对软材料，可以用锯、车、刨等方法；对硬而脆的材料，可用锤击的方法；对极硬的材料，可用砂轮切片机或电火花机和线切割机；在大工件上取样可用氧气切割等。试样的尺寸以便于握持、易于磨制为准，如图 2-2 所示。对形状特殊或尺寸细小的试样，应进行镶嵌或机械夹持。

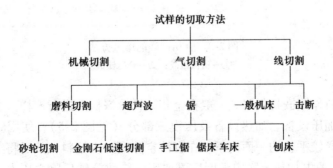

图 2-1 试样的切取方法

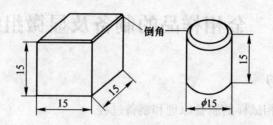

图 2-2　金相试样的尺寸

（二）镶样

镶样的方法有很多，如低熔点合金镶嵌、电木粉或塑料镶嵌和机械夹持等，如图 2-3 和图 2-4 所示。目前一般是采用塑料镶嵌，包括热固性塑料（如胶木粉）、热塑性塑料（如聚氯乙烯）、冷凝性塑料（环氧树脂加固化剂）等。

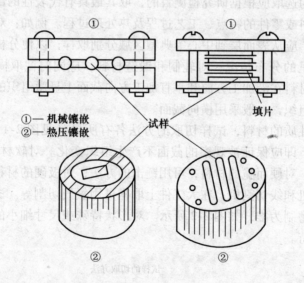

图 2-3　金相试样的镶嵌方法
①—机械镶嵌；②—热压镶嵌

采用塑料作镶嵌材料时，一般在金相试样镶嵌机上进行镶样。金相试样镶嵌机主要包括加压设备、加热设备及压模三部分（见图 2-5），使用时将试样放在下模上，选择较平整的一面向下，在套筒空隙间加入塑料，然后将上模放入压模（套模）内，通电加热至额定温度后再加压，待数分钟后除去压力，冷却后取出试样。

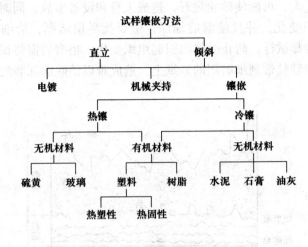

图 2-4　常用镶嵌方法与材料

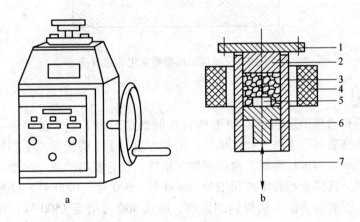

图 2-5　镶嵌机
a—外形示意图；b—镶嵌示意图；
1—旋钮；2—上模；3—套模；4—加热器；5—试样；6—下模；7—加压机构

（三）磨样（制样）

磨制是为了得到平整的磨面，为抛光做准备。一般分为粗磨和细磨两步。图 2-6 所示为切取试样后形成的粗糙表面，经粗磨、细磨、抛光后磨痕逐渐消除，得到平整光滑磨面的示意图。

1. 粗磨

粗磨的目的是为了整平试样，并磨成合适的外形。粗磨一般在砂轮机上进行。对很软的材料，可用锉刀锉平。使用砂轮机粗磨时，必须注意接触压力不可过大，若压力过大，可能使砂轮裂开，造成人身和设备事故，同时极易使磨面温度升高引起组织变化，并且使磨痕加深，金属扰乱层增厚，给细磨抛光带来困难。粗磨时需冷却试样，防止受热而引起组织变化。粗磨后需将试样和双手清洗干净，以防将粗砂粒带到细磨用的砂纸上，造成难以消除的深磨痕。

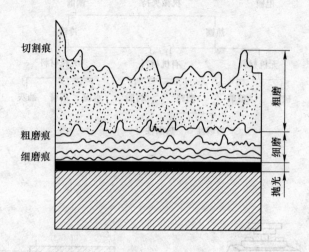

图 2-6　试样表面磨痕变化示意图

2. 细磨

细磨的目的是消除粗磨时留下的较深的磨痕，为下一个工序——抛光做准备。常规的细磨有手工磨光和机械磨光两种方法。手工磨光是用手握持试样，在金相砂纸上单方向推移磨制，拉回时提起试样，使它脱离砂纸。细磨时可以用水作为润滑剂。我国金相砂纸按粗细分为 400 号、600 号、1000 号、1200 号、1500 号等几种。细磨时，依次从粗到细研磨，即从 400 号磨至 1500 号；每次换下一道砂纸之前，必须先用水洗去样品和手上的砂粒，以免把粗砂粒带到下一级的细砂纸上去，同时要将试样的磨制方向调转 90°，即本道磨制方向与上一道磨痕方向垂直，以便观察上一道磨痕是否全部消除。

3. 磨光膏细磨

使用浸过煤油的细帆布作为抛光布，将磨光膏涂在此抛光布上进行磨光，这种细磨方法称为磨光膏细磨。

（四）抛光

抛光的目的是除去细磨后留下的细微磨痕，使试样表面成为光滑无痕的镜面。常用的抛光方法有机械抛光、电解抛光和化学抛光。

1. 机械抛光

机械抛光的原理是利用抛光微粉的磨削、滚压作用，把金相试样表面抛成光滑的磨面。机械抛光在抛光机上进行。常用的抛光机上装有一个或多个电动盘（直径为 200～250mm），盘上铺以抛光布，由电动机带动的水平抛光盘的转速一般为 300～500r/min。目前国产金相抛光机有单盘 P-1 型、双盘 P-2 型两种，均由电动机（0.18kW）带动抛光盘旋转，转速为 1350r/min。抛光盘用铜或铝制成，直径为 200～250mm。机械抛光可分为粗抛与精抛两个步骤。粗抛的目的是尽快除去磨光时的变形层，常用的磨料为 10～20μm 的 Al_2O_3、Cr_2O_3 或 MgO 微粉，加水配成悬浮液后使用；而精抛的目的是除去粗抛产生的变形层。

2. 电解抛光

将试样放入装有电解溶液的槽中，试样作为阳极，用不锈钢或铅板作阴极，接通电源后，利用电化学整平作用获得平整表面的过程称为电解抛光。电解抛光可避免机械抛光时表面层金属的变形或流动，从而能真实地显示金相组织。该法适用于有色金属及硬度低、塑性大的金属，但不适用于偏析严重的金属、铸件及化学成分不均匀的试样。

3. 化学抛光

化学抛光是简单地将试样浸入一合适的抛光液中，依靠化学溶剂对不均匀表面产生选择性溶解来获得光亮的抛光面。这种方法操作简单、成本低廉，缺点是夹杂物易被浸蚀掉，且抛光面平整度较差，只能用于低倍常规检验。

（五）浸蚀

除某些非金属夹杂物、铸铁中的石墨相、粉末冶金材料中的孔隙等特殊组织外，经抛光后的试样磨面，必须用浸蚀剂进行"浸蚀"，以获得或加强图像衬度后才能在显微镜下进行观察。获得衬度的方法很多，根据获得衬度过程是否改变试样表面，可分为不改变试样表面方法（如光学法）和改变试样表面方法（如电化学浸蚀法、物理浸蚀法）两大类，如图 2-7 所示。

最常用的浸蚀方法是化学浸蚀法，其作用原理如图 2-8 所示。纯金属或单相金属的浸蚀是一个化学溶解过程。晶界处由于原子排列混乱，能量较高，因此易受浸蚀而呈现凹沟。各个晶粒由于原子排列位向不同，受浸蚀程度也不同。因此，在垂直光线照射下，各部位反射进入物镜的光线不同，从而显示出晶界及明暗不同的晶粒。两相或两相以上合金的浸蚀则是一个电化学腐蚀过程。由于各相的组织成分不同，其电极电位也不同，当表面覆盖一层具有电解质作用的浸蚀剂时，两相之间就形成许多"微电池"。具有负电位的阳极相被迅速溶解而凹下，具有正电位的阴极相则保持原来的光滑平面。试样表面的这种微观凹凸不平对光线的反射程度不同，在显微镜下就能观察到各种不同的组织及组成相。

某些贵金属及其合金，如纯铂、纯银、金及其合金、不锈钢、耐热钢、高温

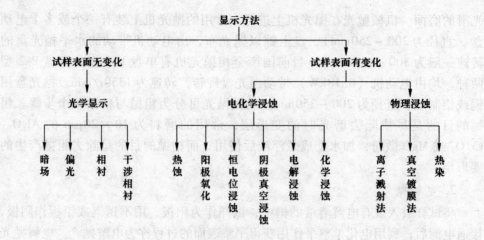

图 2-7　金相显微组织显示方法一览图

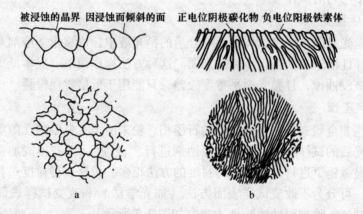

被浸蚀的晶界　因浸蚀而倾斜的面　　正电位阴极碳化物　负电位阳极铁素体

图 2-8　单相和双相组织显示原理示意图
a—单相组织显示原理；b—双相组织显示原理

合金、钛合金等，化学稳定性很高，难以用化学浸蚀法显示出组织，可采用电解浸蚀法。对不同的材料，需选用不同的浸蚀剂（见表 2-1）。

表 2-1　常用浸蚀剂

成　分	工作条件	用　途
硝酸 1 ~ 5mL，酒精 100mL	3 ~ 60s	碳钢、合金钢、铸铁
苦味酸 4g，酒精 100mL	几秒钟 ~ 几分钟	显示细微组织

续表 2-1

成　　分	工作条件	用　　途
盐酸 5mL，苦味酸 1g，酒精 100mL	3 ~ 60s，15min	奥氏体晶粒、回火马氏体
盐酸 15mL，酒精 100mL	几分钟	氧化法晶粒度
硫酸铜 4g，盐酸 20mL，水 20mL	浸蚀法	不锈钢、氧化层
苦味酸 2g，氢氧化钠 25g，水 100mL	煮沸 15min	渗碳体染色、铁素体不染色
盐酸 3 份，硝酸 1 份	静止 24h，浸蚀法	奥氏体及镍铬合金
盐酸 10mL，硝酸 3mL，酒精 100mL	2 ~ 10min	高速钢
苦味酸 3 ~ 5g，酒精 100mL	浸蚀法，10 ~ 20min	铝合金
盐酸 10mL，硝酸 10mL	<70℃	铜合金
氯化铁 5g，盐酸 50mL，水 100mL	几秒钟 ~ 几分钟	纯铜、黄铜、青铜
盐酸 2mL，水 100mL	20℃	镁合金
硝酸 10mL，盐酸 25mL，水 200mL	>1min	铅及铅锡合金
盐酸 2 ~ 5mL，酒精 100mL	几秒钟 ~ 几分钟	巴氏合金

三、实验设备及材料

（1）金相显微镜、砂轮机、机械抛光机、手工湿磨工具等。

（2）金相样品。

（3）不同型号的水砂纸、抛光液、酒精、配好的浸蚀剂、镊子、棉花、电吹风等。

四、实验方法及步骤

（1）每人领取有色金属或钢铁试样一个。

（2）用砂轮机打磨试样，直到获得平整的表面。

（3）用手工湿磨法从粗到细磨光。

（4）用机械抛光机抛光，获得光亮镜面。

（5）用浸蚀剂浸蚀试样磨面，然后用显微镜观察组织，并绘出显微组织示意图。

（6）观察电解抛光装置和电解抛光的操作演示。

（7）将制备好的金相试样放入实验室的干燥器皿内。

（8）实验完毕后，清理仪器设备。

五、实验报告要求

（1）简述实验目的和金相组织分析原理。

（2）概述金相试样制备的要点。

（3）绘制浸蚀后试样显微组织。

实验 3　钢的连续冷却 C 曲线测定实验

一、实验目的

（1）掌握膨胀法测量钢的连续冷却 C 曲线的原理与方法。

（2）理解钢的连续冷却 C 曲线的概念及其应用。

（3）了解连续冷却 C 曲线的影响因素。

二、实验原理

钢的过冷奥氏体连续冷却转变图（C 曲线）是反映在不同连续冷却条件下，过冷奥氏体的冷却速度与转变温度、转变时间、转变产物的类型以及转变量之间关系的图解。该曲线反映了在连续冷却条件下过冷奥氏体的转变规律，是分析转变产物的组织与性能的依据，也是制定热处理工艺的重要参考资料。

测定钢的过冷奥氏体连续冷却转变图的方法有金相硬度法、端淬法、膨胀法、磁性法等，其中以膨胀法最为方便快捷。

膨胀法的测量原理是利用快速膨胀仪进行测量。将 ϕ4mm 试样进行奥氏体化后，以不同冷却速度冷却（可由计算机程序控制），得到不同速度条件下的膨胀曲线，在膨胀曲线上找出转变开始点（转变量为 1%）、转变终了点（转变量为 99%）所对应的温度和时间（见图 3-1），并标记在温度-时间半对数坐标系中，连接相同意义的点，就可得到了过冷奥氏体连续冷却转变图（见图 3-2）。

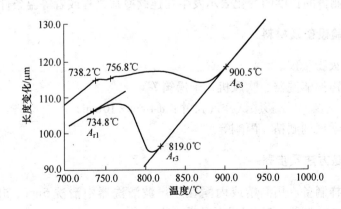

图 3-1　膨胀曲线

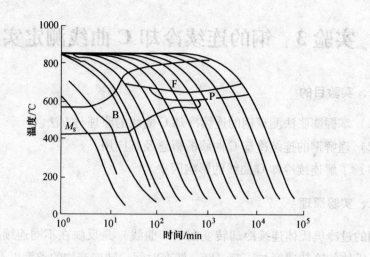

图 3-2　连续冷却转变图

　　过冷奥氏体连续冷却过程中，依据冷却速度和转变温度的不同，可以转变为铁素体、珠光体、上贝氏体、下贝氏体和马氏体组织，不同组织的线膨胀系数是不相同的，线膨胀系数由大到小的顺序是奥氏体→铁素体→珠光体→上贝氏体→下贝氏体→马氏体，而奥氏体与其冷却转变组织的比容差由高到低为马氏体→下贝氏体→上贝氏体→珠光体→铁素体。因此，当过冷奥氏体转变为不同组织产物时，所引起的膨胀量是不同的。利用这个特性可以在奥氏体连续冷却过程中，膨胀曲线出现拐点的位置找出不同组织的相变点（见图 3-1）。测量膨胀曲线可使用淬火膨胀仪。淬火膨胀仪可以在极端的可控的升温以及冷却条件下测试试样尺寸的变化。试样通过感应加热到一定的温度，然后以设定的线性或指数的速率进行冷却。所测得的长度的变化表示发生在连续冷却过程或者等温条件下的相变。

三、实验设备及材料

（1）淬火膨胀仪。

（2）超声波清洗器、吹风机、干燥箱等。

（3）45 钢及 40Cr 膨胀试样（尺寸：$\phi 4\text{mm} \times 10\text{mm}$）。

（4）化学试剂酒精、丙酮等。

四、实验方法及步骤

（1）试样制备。用酒精或丙酮在超声波清洗器中清洗 5min，用冷风吹干，放入干燥箱进行 30℃ ×2h 恒温干燥后，待用。

（2）设定实验方案。设定实验所需的加热温度、加热速度、保温时间、冷却速度等实验参数。

（3）检查仪器。检查仪器电源、气体和冷却水连接以及样品室真空情况。

（4）操作淬火膨胀仪。

（5）测量膨胀曲线，绘制 CCT 曲线。

五、实验报告要求

（1）严格按照试验步骤进行实验，根据实验曲线确定不同冷却速度下过冷奥氏体转变的开始温度与终了温度。

（2）在温度-时间对数坐标系中绘制实验钢的过冷奥氏体转变 C 曲线。

（3）分析影响过冷奥氏体转变 C 曲线的各种因素。

（4）简述连续冷却转变 C 曲线在探索和制定热处理工艺方面的指导意义。

实验 4　奥氏体晶粒度的测定

一、实验目的

（1）掌握钢的晶粒度的概念。

（2）了解显示奥氏体晶粒的方法。

（3）掌握测定钢中奥氏体晶粒度的方法。

二、实验原理

金属及合金的晶粒大小与金属材料的力学性能、工艺性能及物理性能有着密切的关系。细晶粒金属材料的力学性能、工艺性能均比较好，它的冲击韧性和强度都比较高，塑性好，易于加工，在淬火时不易变形和开裂。

金属材料的晶粒大小称为晶粒度，评定晶粒粗细的方法称为晶粒度的测定。为了便于统一比较和测定，国家制定了统一的标准晶粒度级别，见表 4-1。按晶粒大小分为 8 级，1 ~ 3 级为粗晶粒，4 ~ 6 级为中等晶粒，7 ~ 8 级为细晶粒。钢的晶粒度测定，分为测定奥氏体本质晶粒和实际晶粒。本实验首先显示出钢的奥氏体晶粒，然后进行晶粒度测定。

表 4-1　晶粒度级别标准

晶粒度号	放大 100 倍时，每 645mm² (lin²) 面积内所含晶粒数目			实际 1mm² 面积平均含有晶粒数	平均每一晶粒所占面积/mm²	计算的晶粒平均直径/mm	弦的平均长度/mm
	最多	最少	平均				
0000	0.09	0.05	0.06	1	1	1	0.886
000	0.19	0.09	0.12	2	0.5	0.707	0.627
00	0.37	0.17	0.25	4	0.25	0.500	0.444
0	0.75	0.37	0.5	8	0.125	0.363	0.313
1	1.5	0.75	1	16	0.0625	0.250	0.222
2	3	1.5	2	32	0.0312	0.177	0.157
3	6	3	4	64	0.0156	0.125	0.111
4	12	6	8	128	0.0078	0.088	0.0783
5	24	12	16	256	0.0039	0.062	0.0553

晶粒度号	放大100倍时，每645mm²（1in²）面积内所含晶粒数目			实际1mm²面积平均含有晶粒数	平均每一晶粒所占面积/mm²	计算的晶粒平均直径/mm	弦的平均长度/mm
	最多	最少	平均				
6	48	24	32	512	0.0019	0.044	0.0391
7	96	48	64	1024	0.0098	0.031	0.0267
8	192	96	128	2048	0.00049	0.022	0.0196
9	384	192	256	4096	0.000244	0.0156	0.0138
10	768	384	512	8192	0.000122	0.0110	0.0098
11	1536	768	1024	16384	0.000061	0.0078	0.0069
12	3072	1536	2048	32768	0.000030	0.0055	0.0049

由于奥氏体在冷却过程中发生相变，因而在室温下一般已不存在。要确定钢的奥氏体晶粒大小，必须设法在冷却以后仍能显示出奥氏体原来的形状和大小，常用的方法包括常化法、氧化法、渗碳法，还有油淬法、晶界腐蚀法、金属扩散法等。

（1）常化法。试样加热到所需的温度，保温后在空气中冷却。对于中碳钢（0.3% ~ 0.6% C），当试样加热到 A_{c_3} 以上温度以后，在空气中冷却时通过临界温度区域，会沿着奥氏体晶粒边界析出铁素体网。对于过共析碳钢，试样加热到 A_{cm} 以上后缓冷，可根据沿晶界析出的渗碳体网来确定晶粒度。

（2）氧化法。将抛光的试样置于弱氧化气氛的炉中加热一定时间，放于水中淬火或空气中冷却，试样在炉中形成一层氧化膜。由于晶界较晶内化学活性大，氧化深，所以能在100倍显微镜下直接观察到晶粒。如晶界不太清楚可轻度抛光，再用4%苦味酸酒精溶液浸蚀，便可以显露出原来的奥氏体晶粒，看到晶界呈黑色网络，可用于测定亚共析碳钢、共析碳钢及合金钢的奥氏体晶粒度。

（3）渗碳法。将试样放于有 $40\% BaCO_3 + 60\%$ 木炭或 $30\% Na_2CO_3 + 70\%$ 木炭的渗碳箱中，加热到 $920 ~ 940℃$ 保温8h，然后缓慢冷却。此法常用来测定低碳钢的奥氏体晶粒度。

测定晶粒度的方法有两种：比较法和弦长计算法。

（1）比较法。测定晶粒度时，把已制备好的试样放在100倍显微镜下进行观察，然后与标准晶粒度级别图进行比较，将最近似的晶粒度级别定为试样的晶粒度级别。如果显微镜的放大倍数不是100倍，仍可按标准晶粒度级别图测定观察时的晶粒度，然后再查有关附表换算成100倍时的标准晶粒度级别。若试样晶粒不均，则可记为 7～8 级、7～5 级等，前一级别的晶粒占多数。

（2）弦长计算法。先选择待测试样有代表性的部位，在显微镜下直接测定，或摄成金相照片，放大倍数一般为 100 倍。当晶粒过大或过小时，放大倍数可适当缩小或放大，以视场内不少于 50 个晶粒为限，用带有标尺或线段（也可为一个圆圈）的目镜，数出所截的晶粒总数，如为照片，则在照片上画出几条线段，数出所截的晶粒总数。线段端部或尾部未被完全截的晶粒，应以一个晶粒计之，然后按下式计算弦的平均长度，查表 4-1 确定晶粒度级别。

$$d = \frac{nL}{\tau M} \tag{4-1}$$

式中　　d——弦的平均长度，mm；

　　　　n——线段条数，一般为 3 条；

　　　　L——每条线段长度，mm；

　　　　τ——所截晶粒总数；

　　　　M——放大倍数。

如用带有线段或圆圈的目镜测定时，因线段或圆周长度，已用该放大倍数的显微测微尺标定，所以用上式时不再考虑放大倍数。

三、实验设备及材料

（1）金相显微镜。

（2）碳钢试样。

（3）各型号金相砂纸、抛光布、抛光膏。

（4）4% 硝酸酒精溶液、脱脂棉、竹夹子等。

四、实验方法及步骤

（1）将试样用手工湿磨法从粗到细磨光。再用机械抛光机抛光，获得光亮镜面。

（2）将抛光的试样置于弱氧化气氛的炉中加热一定时间，放于水中淬火或空气中冷却。

（3）在显微镜下直接观察到晶粒。

（4）测定晶粒度。

五、实验报告要求

（1）如实记录实验数据，分析实验结果并展开讨论。

（2）分析加热温度对奥氏体晶粒大小的影响。

（3）分析奥氏体晶粒大小对金属材料力学性能的影响。

第二部分 材料性能测试模块实验

实验5 金属材料的拉伸实验

一、实验目的

(1) 以45钢为例观察试件受力和变形之间的相互关系。

(2) 观察45钢热处理前、后在拉伸过程中所表现出不同的弹性、屈服、强化、颈缩、断裂等物理现象。

(3) 测定45钢热处理前、后的强度指标（σ_s、σ_b）和塑性指标（δ、ψ）。

(4) 学习、掌握电子万能试验机的使用方法及工作原理。

二、实验原理

（一）实验试样

GB 6397—86规定，标准拉伸试样如图5-1所示，截面有圆形（图5-1a）和矩形（图5-1b）两种。对于标距为l_0、直径为d_0的圆形试样来说，当$l_0 = 10d_0$

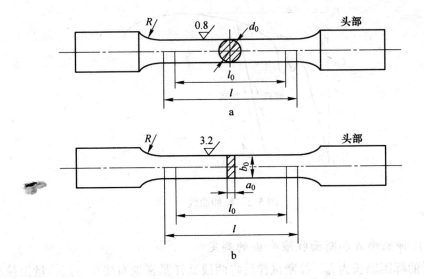

图5-1 标准拉伸试样

时为长试样，当 $l_0 = 5d_0$ 时为短试样。对于标距为 l_0、原始横截面积为 A_0 的矩形试样来说，标距 l_0 与原始横截面积 A_0 比值为 11.3 的试样称为长试样，标距 l_0 与原始横截面积 A_0 比值为 5.56 的试样称为短试样，实验中一般应采用短比例试样。长比例试样仅系过渡性质，但如横截面积太小，l_0 小于 25mm，为保证测量精度，亦可采用。实验前要用划线机在试样上画出标距线。

（二）屈服极限 σ_s 和强度极限 σ_b 的测定

随着拉伸实验的进行，材料的屈服阶段反映在 $F\text{-}\Delta L$ 曲线图上为一水平锯齿形（见图5-2）。一般首次载荷下降的最低点称为初始瞬时效应，不作为强度指标取值，把初始瞬时效应后的最低载荷 F_{sL} 对应的应力作为屈服极限 σ_s（MPa）。

$$\sigma_s = \frac{F_{sL}}{A} \tag{5-1}$$

式中，A 为试样横截面的最小面积。

屈服阶段过后，进入强化阶段（见图5-2），试样又恢复了承载能力。载荷到达最大值 F_b 时试样某一局部开始出现局部收缩的现象称为颈缩现象，载荷开始下降，直至拉断。拉断后由测量仪器上得到 F_b，进而得出强度极限 σ_b（MPa）。

$$\sigma_b = \frac{F_b}{A} \tag{5-2}$$

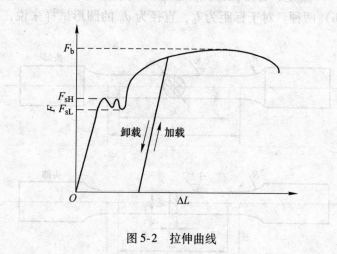

图5-2　拉伸曲线

（三）伸长率 δ 和断面收缩率 ψ 的测定

试样的标距原长为 l_0，拉断试样后将两段试样紧密地对接在一起，量出拉断后的标距长为 l_1，则伸长率为

$$\delta = \frac{l_1 - l_0}{l_0} \times 100\% \qquad (5\text{-}3)$$

断口附近塑性变形最大，所以 l_1 的量取与断口的位置有关。如果断口发生于 l_0 的两端处或在 l_0 之外，则实验无效，应重做。

试样拉断后，设颈缩部位的最小横截面积为 A_1，按下式计算断面收缩率：

$$\psi = \frac{A_0 - A_1}{A_0} \times 100\% \qquad (5\text{-}4)$$

由于断口不是规则的圆形，应在两个互相垂直的方向量取最小截面的直径，以其平均值计算 A_1。

三、实验设备及材料

（1）微机控制电子万能试验机。

（2）游标卡尺。

（3）杠杆式引伸仪或电子引伸仪。

（4）实验所用拉伸试样。

四、实验方法及步骤

（1）试件准备：在试件上画出长度为 l_0 的标距线，在标距的两端及中部三个位置上，沿两个相互垂直方向各测量一次直径取平均值，再从三个平均值中取最小值作为试件的直径 d_0；若为矩形试样，则分别测量试样的宽度和厚度，再取横截面积最小值作为试件的初始面积 A_0。

（2）试验机准备：按试验机→计算机→打印机的顺序开机，开机后须预热 10min 才可使用。按照《软件使用手册》，运行配套软件。

（3）安装夹具：根据试件情况准备好夹具，并安装在夹具座上。若夹具已安装好，对夹具进行检查。

（4）夹持试件：若在上空间试验，则先将试件夹持在上夹头上，力清零消除试件自重后再夹持试件的另一端；若在下空间试验，则先将试件夹持在下夹头上，力清零消除试件自重后再夹持试件的另一端。

（5）开始实验：按运行命令按钮，按照软件设定的方案进行实验。

（6）记录数据：试件拉断后，取下试件，将断裂试件的两端对齐、靠紧，用游标卡尺测出试件断裂后的标距长度 l_1 及断口处的最小直径 d_1（一般从相互垂直方向测量两次后取平均值）。

五、实验报告要求

（1）试件尺寸。

材　料	标距 l_0 /mm	直径 d_0(圆形)/横截面(矩形)										最小横截面积 A_0/mm²
		横截面 I			横截面 II			横截面 III				
	圆形	①	②	平均	①	②	平均	①	②	平均		
	矩形	宽	厚	面积	宽	厚	面积	宽	厚	面积		
45 钢退火												
45 钢淬火 + 低温回火												

（2）实验数据。

材　料	屈服载荷 F_s/kN	最大载荷 F_b/kN	拉断后标距 l_1/mm	颈缩处直径 d_1/mm		颈缩处最小横截面积 A_1/mm²
45 钢退火				①	平均	
				②		
45 钢淬火 + 低温回火				①	平均	
				②		

（3）计算结果。

材　料	强度指标		塑性指标	
	屈服极限 σ_s/MPa	强度极限 σ_b/MPa	伸长率 δ/%	截面收缩率 ψ/%
45 钢退火				
45 钢淬火 + 低温回火				

注：计算结果一般取 3 位有效数字即可。

（4）试件破坏断口图。

材　料	破坏断口图
45 钢退火	
45 钢淬火 + 低温回火	

（5）绘制应力-应变图。

（6）分析说明 45 钢经热处理后强度指标（σ_s、σ_b）和塑性指标（δ、ψ）有什么改变。

实验 6   金属材料压缩实验

一、实验目的

（1）测定低碳钢压缩时的下屈服强度 R_{eL}（或屈服极限 σ_s）。

（2）测定铸铁压缩时的抗压强度 R_m（或抗压强度极限 σ_b）。

（3）观察并比较低碳钢和铸铁在压缩时的缩短变形和破坏现象。

二、实验原理

（一）低碳钢

以低碳钢为代表的塑性材料，轴向压缩时会产生很大的横向变形，但由于试样两端面与试验机支承垫板间存在摩擦力，约束了这种横向变形，故试样出现显著的鼓胀效应如图 6-1 所示。为了减小鼓胀效应的影响，通常的做法是除了将试样端面制作得光滑以外，还可在端面涂上润滑剂来最大限度地减小摩擦力。低碳钢试样的压缩曲线如图 6-2 所示，由于试样越压越扁，则横截面积不断增大，试样抗压能力也随之提高，故曲线是持续上升为很陡的曲线。从压缩曲线上可看出，塑性材料受压时在弹性阶段的比例极限、弹性模量和屈服阶段的屈服点（下屈服强度）同拉伸时是相同的。但压缩试验过程中到达屈服阶段时不像拉伸试验时那样明显，因此要认真观察才能确定屈服荷载 F_{eL}，从而得到压缩时的屈服点强度（或下屈服强度）$R_{eL} = F_{eL}/S_0$。由于低碳钢类塑性材料不会发生压缩破裂，因此，一般不测定其抗压强度（或强度极限）R_m，而通常认为抗压强度等于抗拉强度。

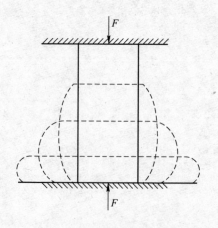

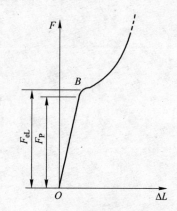

图 6-1   低碳钢压缩时的鼓胀效应   图 6-2   低碳钢压缩曲线

（二）铸铁

对铸铁类脆性金属材料，压缩实验时利用试验机的自动绘图装置，可绘出铸铁试样压缩曲线如图6-3所示，由于轴向压缩塑性变形较小，呈现出上凸的光滑曲线，压缩图上无明显直线段、无屈服现象，压缩曲线较快达到最大压力 F_m，试样就突然发生破裂。将压缩曲线上最高点所对应的压力值 F_m 除以原试样横截面积 S_0，即得铸铁抗压强度 $R_m = F_m/S_0$。在压缩实验过程中，当压应力达到一定值时，试样在与轴线45°~55°的方向上发生破裂如图6-4所示，这是由于铸铁类脆性材料的抗剪强度远低于抗压强度，从而试样被剪断。

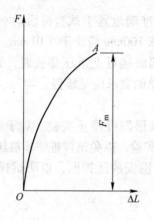

图6-3　铸铁压缩曲线　　　　　　图6-4　铸铁压缩破裂示意图

三、实验设备及材料

（1）万能材料试验机。

（2）游标卡尺。

（3）金属材料圆柱体压缩试样（如图6-5所示）。

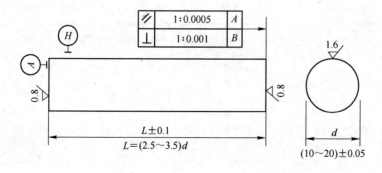

图6-5　圆柱体压缩试样

四、实验方法及步骤

（1）用游标卡尺在试样两端及中间三处两个相互垂直方向上测量直径，并取其算术平均值，选用三处中的最小直径来计算原始横截面积 S_0。

（2）根据低碳钢屈服载荷和铸铁最大实际压力的估计值（它应是满量程的40% ~80%），选择试验机及其示力度盘，并调整其指针对零。对试验机的基本要求，经国家计量部门定期检验后应达到 1 级或优于 1 级准确度，实验时所使用力的范围应在检验范围内。

（3）调整好试验机上的自动绘图装置。

（4）将试样端面涂上润滑剂后，再将其准确地置于试验机活动平台的支承垫板中心处。对上下承压垫板的平整度，要求 100mm 应小于 0.01mm。

（5）调整好试验机夹头间距，当试样端面接近上承压垫板时，开始缓慢、均匀加载。在加载实验过程中，其实验速度总的要求应是缓慢、均匀、连续地进行加载，具体规定速度为 0.5 ~0.8MPa/s。

（6）对于低碳钢试样，若将试样压成鼓形即可停止实验。对于铸铁试样，加载到试样破裂时（可听见响声）立即停止实验，以免试样进一步被压碎。

（7）做铸铁试样压缩时，注意在试样周围安放防护网，以防试样破裂时碎屑飞出伤人。

五、实验报告要求

（1）根据实验测定的数据，分别计算出低碳钢和铸铁的强度性能指标。

（2）用短圆柱状低碳钢和铸铁试样做压缩实验时，怎样才能做到使其轴向（心）受压？放置压缩试样的支承垫板底部为什么制作成球形？

（3）圆柱状低碳钢试样被压缩成饼状而不破碎，而圆柱状铸铁试样被压破裂面常发生在与轴线成 45°~55°方向上，两者的变形特征与破坏形式为什么不同？

实验 7 显微硬度实验

一、实验目的

（1）熟悉显微硬度计的基本原理和构造。

（2）掌握显微硬度计使用和维护方法。

（3）初步掌握相鉴定方法（以高速钢为例）。

二、实验原理

硬度是材料力学性能重要指标之一，而硬度试验是判断材料或产品零件质量的一种手段。所谓硬度，就是材料在一定条件下抵抗另一本身不发生残余变形物体压入能力。抵抗能力越大，则硬度越高，反之则硬度越低。在力学性能试验中，测量硬度是一种最容易、最经济、最迅速的方法，也是生产过程中检查产品质量的措施之一，由于金属等材料硬度与其他力学性能有相互对应关系，因此，大多数金属材料可通过测定硬度近似地推算出其他力学性能，如强度、疲劳、蠕变、磨损和内损等，所以硬度计被广为应用。

但是，用布氏、洛氏及维氏硬度试验法测定材料的硬度时，由于其载荷大，压痕面积大，只能得到金属材料组织的平均硬度值。也就是说，当金属材料是由几个相的机械混合物组成时，测得的硬度值只是这个混合物的平均硬度。但是在金属材料的试验工作中，往往需要测定某一组织组成物的硬度，例如测定某个相、某个晶粒、夹杂物或其他组成体的硬度；或者对于研究扩散层组织、偏析相、硬化层深度以及极薄层试样等，这时就可以应用显微硬度试验法。显微硬度试验法其原理与维氏硬度试验法一样，是以载荷与压痕表面积之比来确定，不同的是，显微硬度试验法所采用的载荷很小，一般在 $1 \sim 120\text{gf}(1\text{gf} = 0.0098\text{N})$。若载荷 F 以 gf 为单位，压痕对角线平均长度 d 以 μm 为单位计算，则显微硬度值也可用 HV 表示。

本实验仅对显微硬度计（如图 7-1 所示）工作原理、使用方法等进行一般的介绍。

（一）显微硬度计工作原理和组成

显微硬度计是近年来常用测量硬度的设备。测量硬度是通过升降显微硬度计的调焦机构、测量显微镜、加荷机构，正确选择负荷、加荷速度进行全自动加卸试验力及正确控制试验力保持时间，通过显微硬度计光学放大，测出在一定试验力下金刚石角锥体压头压入被测物后所残留压痕的对角线长度，从而求出被测物硬度值。

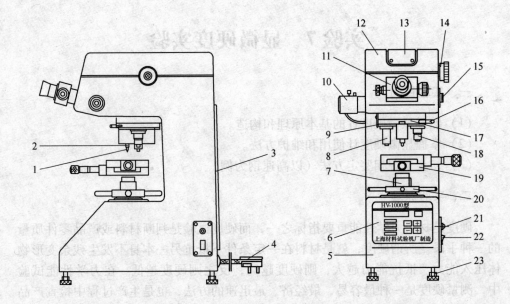

图 7-1　HV-1000 型显微硬度计示意图

1—压头；2—压头螺丝；3—后盖；4—电源插头；5—主体；6—显示操作面板；
7—升降丝杆；8—10×物镜；9—定位弹片；10—测量照明灯座；11—测微目镜；
12—上盖；13—照相接口盖；14—实验力变换手轮；15—照相/测量转换拉杆；
16—物镜、压头转换手轮；17—转盘；18—40×物镜；19—十字试台；
20—旋轮；21—电源指示灯；22—电源开关；23—水平调节旋钮

（二）显微硬度计的正确使用

由于显微硬度试验往往是对很小的试样（如针尖），或试样上很小的特定部位（如金相组织）进行硬度测定，而这些情况难以用人眼来进行观察和判定，而且显微硬度试验后所得压痕非常小，这也是难以用人眼来寻找的，更不用说进行压痕对角线长度的测量，所以非得用显微镜才能进行工作。正确使用显微硬度计，除了正确选择负荷、加荷速度、保荷时间外，测量显微镜使用的正确与否是十分重要的。现就如何正确使用显微硬度计作简要介绍。

1. 负荷的选择

为确切得到被测对象的真实硬度，必须选择恰当负荷。选择负荷应考虑以下几个原则：

（1）在测定薄片或表面层硬度时，要根据压头压入深度和试件或表面层厚度选择负荷。因为一般试件或表面层厚度是已知的，而被测部位硬度或硬度范围也应是可知的，基于压头压入试样时挤压应力在深度上涉及范围接近于压入深度的 10 倍，为避免底层硬度的影响，压头压入深度应小于试件或表面层的 1/10。

（2）对试样剖面测定硬度时，应根据压痕对角线长度和剖面宽度选择负荷。基于压头压入试样时产生的挤压应力区域最大可从压痕中心扩展到 4 倍对角线的距离，为避免相邻区域不同硬度或空间对被测部位硬度影响，所以压痕中心离开边缘的距离应不小于压痕对角线长度的 2.5 倍，即压痕对角线长度为试件或表面层剖面宽度的 1/5。

（3）当测定晶粒、相、夹杂物等时，应遵守以上两个原则来选择负荷，压头压入深度不大于其厚度的 1/10，压痕的对角线长度应不大于其面积的 1/5。

（4）测定试件（零件、表面层、材料）平均硬度时，在试件表面尺寸及厚度允许的前提下，应尽量选择大负荷，以免试件材料组织硬度不均匀影响试件硬度测定的正确性。

（5）为保证测量精确度，在情况允许时，应选择大负荷，一般应使压痕对角线长度大于 $20\mu m$。

（6）考虑到试件表面冷加工时产生的挤压应力硬化层的影响，在选择负荷时应在情况许可的情况下选择大负荷。

2. 测量显微镜的正确使用

（1）寻找像平面。

针尖试样应采用"光点找像法"。

一般显微硬度计测量显微镜物镜视场只有 0.25 ~ 0.35mm，在此视场范围外区域，在测量显微镜目镜视场内，眼睛是看不见的。而针尖类试样顶尖往往小于 0.1mm，所以在安装调节试样时，很难把此顶尖调节在视场内；如果此顶尖在视场周围而不在视场内，则在升降工作台进行调节时不小心就会把物镜镜片顶坏，即使不顶坏物镜，找像也很困难，为解决这个问题，提出"光点找像法"方法。

开启测量显微镜的照明灯泡，这时在物镜下面工作台上就有一个圆光斑，把针尖试样垂直于工作台安装在此光斑的中心，升高工作台，使此针尖的顶尖离开物镜约 1mm，这时眼睛观察顶尖部位，调节工作台上的两个测微丝杆，使物镜下照明光点在前后左右对称分布在此顶尖上（这一步骤必须仔细）。随后缓慢调节升降机构，这时在目镜视场中即会看到一个光亮点，这就是此顶尖上的反射光点，再进一步调节升降即可找到此针尖的像。

表面光洁度很高的试样（如显微硬度块）应采用边缘找像法。

显微硬度试验中，试样表面光洁度一般都是很高的，往往是镜面，表面上没有明显观察特征，而显微硬度计中所有高倍测量显微镜的景深都是非常小的，只有 1 ~ 2μm，所以在调焦找像平面时，对于缺乏经验的操作者是很困难的，甚至会碰坏物镜，所以操作者有的留用表面残留痕迹来找像平面，但有时往往无残留痕迹，此时，建议采用边缘找像法。即按上述同样方法使用照明光点（0.5 ~ 1mm）的中心对准试样表面轮廓边缘，则在目镜视场内看到半亮半暗的交界处即为此轮廓边缘，随后进一步调节升降即可找到此表面边缘的像。

（2）调节照明。

为防止倾斜照明对压痕对角线长度测量精确度的影响，要调节照明光源，使压痕处在视场中心时按两对角线区域分的四个区间亮度一致，通过观察测微目镜视场内压痕像的清晰程度，可将照明光源经上、下、前、后、左、右方向稍稍移动，直至观察到压痕像最明亮，没有阴影为止；移动工作台微分筒将压痕像前、后、左、右移动，测微目镜视场内均应明亮，没有阴影的压痕像为好。

（3）视度归正。

测量显微镜测压痕时，是把压痕经物镜放大后，成像在目镜前分划板上，进行瞄准测量。由于人眼视力差异（如正常眼、近视眼、远视眼），作为放大镜作用的目镜必须放在各种不同位置，才能对分划板的刻线作清楚观察（即刻线这时为最"细"），这个步骤（调节目镜相对于分划板距离）称为视度归正，不然会影响测量正确性。

（4）压痕位置的校正。

通过试验力载荷在测微目镜视场看到的压痕像，若其偏移视场中心较大，则需要进行压痕位置校正，通过物镜座几个调整螺钉反复调整，直到在测微目镜视场内压痕像居中为止（调整几个螺钉时不要移动工作台），并相互锁紧。

（5）调焦。

为找到正确成像位置，应注意要调节使压痕边缘清晰，而不是压痕对角线或对角线交点清晰。需要测量的是这个四棱角锥体坑表面棱形的对角线长度。为帮助操作者掌握这一步骤，这里提出"视差判别法"，当用分划板刻线或十字交点对准压痕对角线顶尖时，人眼相对于目镜左右移动，这时如调焦不正确，即压痕边缘像不完全落在分划板上，则会发现此边缘相对于分划线会左右移动。这说明调焦不正确，如人眼相对目镜的位置不一致，则一定存在测量误差，此时应进一步调焦，直至此边缘相对分划线在人眼晃动时无相对位置才为正确。

三、实验设备及材料

（1）显微硬度计。

（2）高速钢金相试样。

四、实验方法及步骤

（1）旋转测量目镜，使分划板的移动方向和待测压痕对角线方向平行，这样可避免两者夹角对测量精确度的影响。如两者夹角为 α，实际长度为 d，则测得长度 $d' = d/\cos\alpha$，而且对于用十字线交点瞄准压痕对角线顶尖，当两者有一交角时，会造成其对角线一端顶尖对准十字线交点时，另一端顶尖则不能对准。

（2）测量压痕对角线长度，在瞄准时必须瞄准压痕对角线的两端顶尖，不必考虑压痕棱形四边情况。这对于分划板上刻线是直线的情况是不成问题的，而对于分划板上刻线是十字线，瞄准压痕棱边还是对角线顶尖的争论时常发生，为统一各种分划线的瞄准，确定了这一原则，这样也可解决棱边多种多样复杂情况下的瞄准问题。

（3）测量中应注意的几个问题。

1）机械式测微机构测量目镜，测量时应单向转动测微手轮，消除空回对测量的影响。

2）对于同时测定型的测微目镜，操作者应注意两块分划板刻线重合时，测微读数零位是否正确，如不正确，应规正微分简或测量后加以读数修正。

3）对数字式测微目镜，在每次开机后应使两块分划板刻线重合，然后按"清零"键，使读数归零。

4）当压痕两条对角线长度不等时，应测量两条对角线长度，并取其平均值。

5）在旋转测量显微目镜使其分划板的移动方向和压痕待测对角线平行后，可在此对角线垂直方向上移动工作台，使对角线落在分划板十字线交点移动的轨迹上，但在用此交点进行瞄准时，则应转动测微目镜的手轮，而不应移动工作台。

6）操作时经常以标准显微硬度块校验自己的瞄准精确度。

五、实验报告要求

（1）测量给定试样组织中各相的显微硬度值；将测定位置及相用软质黑色铅笔描绘在下面圆内。

（2）试述显微硬度计与其他硬度计（如洛氏硬度计）的不同之处，各自的优缺点，分别用于什么场合。

（3）简述你所使用的显微硬度计的构成，各部件功能及使用要领。

实验 8　金属材料冲击韧性实验

一、实验目的

（1）了解冲击试验机的结构及工作原理。

（2）了解金属材料在常温下冲击韧性的测定方法。

二、实验原理

衡量材料抗冲击能力的指标用冲击韧性来表示。冲击韧性是通过冲击实验来测定的。这种实验在一次冲击载荷作用下显示试件缺口处的力学特性（韧性或脆性）。虽然试验中测定的冲击吸收功或冲击韧性，不能直接用于工程计算，但它可以作为判断材料脆化趋势的一个定性指标，还可作为检验材质热处理工艺的一个重要手段。这是因为它对材料的品质、宏观缺陷、显微组织十分敏感，而这点恰是静载实验所无法揭示的。

测定冲击韧性的试验方法有多种。国际上大多数国家所使用的常规试验为简支梁式的冲击弯曲试验。在室温下进行的实验一般采用 GB/T 229—2007《金属夏比摆锤冲击试验方法》，另外还有低温夏比冲击实验、高温夏比冲击实验。

由于冲击实验受到多种内在和外界因素的影响。要想正确反映材料的冲击特性，必须使用冲击实验方法和设备标准化、规范化，为此我国制定了金属材料冲击实验的一系列国家标准（例如 GB 2106、GB 229—84、GB 4158—84、GB 4159—84）。本次实验介绍金属夏比冲击实验（即 GB/T 229—2007）测定冲击韧性。

冲击试验利用的是能量守恒原理，即冲击试样消耗的能量是摆锤试验前后的势能差。试验时，把试样放在图 8-1 的 B 处，将摆锤举至高度为 H 的 A 处自由落下，冲断试样即可。

摆锤在 A 处所具有的势能为

$$E = GH = GL(1 - \cos\alpha) \tag{8-1}$$

冲断试样后，摆锤在 C 处所具有的势能为

$$E_1 = Gh = GL(1 - \cos\beta) \tag{8-2}$$

势能之差 $E - E_1$，即为冲断试样所消耗的冲击功 A_K

$$A_K = E - E_1 = GL(\cos\beta - \cos\alpha) \tag{8-3}$$

式中　G——摆锤重力，N；

　　　L——摆长（摆轴到摆锤重心的距离），mm；

　　　α——冲断试样前摆锤扬起的最大角度；

β——冲断试样后摆锤扬起的最大角度。

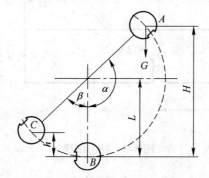

图 8-1　冲击试验原理图

三、实验设备及材料

（1）冲击试验机（如图 8-2 所示）。

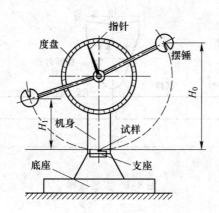

图 8-2　冲击试验机结构图

（2）游标卡尺。

（3）U 形缺口冲击材料（淬火和退火状态）。若冲击试样的类型和尺寸不同，则得出的实验结果不能直接比较和换算。本次试验采用 U 形缺口冲击试样。其尺寸及偏差应根据 GB/T 229—2007 规定，采用尺寸为 10mm × 10mm × 55mm，并带有 2mm 深的 U 形缺口试样，见图 8-3。加工缺口试样时，应严格控制其形状、尺寸精度以及表面粗糙度。试样缺口底部应光滑、没有与缺口轴线平行的明显划痕。

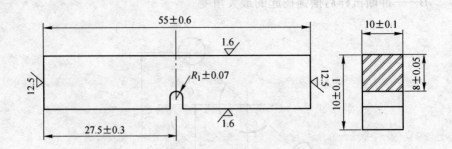

图 8-3　冲击试样

四、实验方法及步骤

（1）测量试样的几何尺寸及缺口处的横截面尺寸。

（2）根据估计材料冲击韧性来选择试验机的摆锤和表盘。

（3）安装试样，如图 8-4 所示。

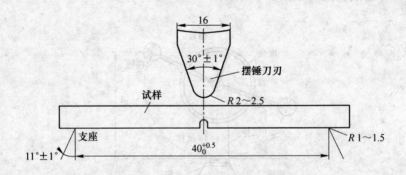

图 8-4　安装试样

（4）进行试验。将摆锤举起到高度为 H 处并锁住，然后释放摆锤，冲断试样后，待摆锤扬起到最大高度，再回落时，立即刹车，使摆锤停住。

（5）记录表盘上所示的冲击功 A_{KU} 值，取下试样，观察断口。试验完毕，将试验机复原。

（6）冲击试验要特别注意人身的安全。

（7）实验结果处理。

1）计算冲击韧性 α_{KU}（J/cm^2）：

$$\alpha_{KU} = \frac{A_{KU}}{S_0} \tag{8-4}$$

式中　A_{KU}——U 形缺口试样的冲击吸收功，J；

　　　　S_0——试样缺口处断面面积，cm^2。

　　冲击韧性 α_{KU} 是反映材料抵抗冲击载荷的综合性能指标，它随着试样的绝对尺寸、缺口形状、试验温度等的变化而不同。

　　2）比较分析两种材料的抵抗冲击时所吸收的功。观察破坏断口形貌特征。

五、实验报告要求

（1）测定实验用钢的冲击韧性，并填入表 8-1。

表 8-1　实验用钢的冲击韧性测量数据

试验材料及其处理状态	试验温度	试样缺口处断面尺寸			冲击功 A_K /kgf·m(N·m)	冲击韧性 /J·cm^{-2}	断口特征
		高度/cm	宽度/cm	断面积/cm^2			

（2）冲击韧性 α_{KU} 为什么不能用于定量换算，只能用于相对比较？

（3）冲击试样为什么要开缺口？

（4）实验中会影响材料冲击韧性的因素有哪些？本实验测得的冲击韧性是否精确？为什么？

实验9 金属材料断裂韧性实验

一、实验目的

（1）了解金属材料平面应变断裂韧性 K_{IC} 实验的基本原理。

（2）掌握平面应变断裂韧性 K_{IC} 测试装置的使用方法。

（3）掌握采用三点弯曲试样测试 K_{IC} 的方法以及对试样形状和尺寸的要求。

（4）掌握断裂韧性测试试验数据处理方法。

二、实验原理

线弹性断裂力学中，带裂纹体裂纹尖端附近的弹性应力场的强度是用应力强度因子 K 来度量的。

线弹性断裂力学的分析证明，应力强度因子 K 可表征为

$$K = Y\sigma\sqrt{a} \tag{9-1}$$

式中　Y——形状因子（与裂纹及试样的几何参数有关）；

σ——外加应力；

a——裂纹深度。

Ⅰ型（张开型）裂纹的断裂准则为：当应力强度因子 K_I 达到其临界值 K_C 时裂纹即失稳扩展而断裂。如果裂纹尖端附近的材料处于平面应变状态，则Ⅰ型裂纹的断裂韧性称为平面应变断裂韧性，记作 K_{IC}（$MPa \cdot \sqrt{m}$），它表征材料抵抗裂纹扩展的能力，是度量材料韧性好坏的一个定量指标，其中罗马数字Ⅰ是指Ⅰ型裂纹及裂纹顶端处于平面应变状态。

测试 K_{IC} 就是测试裂纹开始失稳扩展时的应力强度因子值。具体方法是：对含有裂纹的三点弯曲试件或紧凑拉伸试件施加适当的载荷，使裂纹尖端处于Ⅰ型裂纹受载状态并引起裂纹扩展，记录载荷 F 及裂纹嘴的张开位移 V，然后按规定在 F-V 曲线上确定特征载荷 F_Q 值，测量裂纹长度 a，将 F_Q 值和 a 带入相应试件的 K_I 表达式，计算 K_{IC} 的条件表达值 K_Q，在进行有效性判断后确定 K_Q 是否是 K_{IC}。

测试 K_{IC} 常用的试件（如图 9-1 所示）是三点弯曲标准试件，其中 $W = 2B$，a 为裂纹长度，在 $0.45 \sim 0.55W$ 之间。对于两种形式的试件，其应力强度因子 K_I 表达式为

$$K_I = \frac{F}{BW^{1/2}}f\left(\frac{a}{W}\right) \tag{9-2}$$

式中，F 为载荷；B、W 分别为试件的宽度和厚度；S 为跨度；a 为裂纹长度；$f(a/W)$ 为试样几何形状因子，对于三点弯曲试件，$f(a/W)$ 用下式表示：

$$f\left(\frac{a}{W}\right) = \left[7.51 + 3.00\left(\frac{a}{W} - 0.50\right)^2\right] \sec\frac{\pi a}{W} \sqrt{\tan\frac{\pi a}{2W}} \quad 0.25 \leqslant \frac{a}{W} \leqslant 0.75$$

(9-3)

如采用标准试件，$f(a/W)$ 值可查表得到。

（1）试样的尺寸确定。测得的 K_Q 是否为真正的 K_{IC}，要看是否满足以下两个条件要求：1）$F_{max}/F_Q < 1.10$；2）$B > 2.5\left(\dfrac{K_{IC}}{\sigma_{0.2}}\right)^2$。

如果符合上述两个条件，K_Q 即为 K_{IC}；如果不符合，K_Q 不是 K_{IC}，须加大试样尺寸，重新试验。

当 K_{IC} 无法预估时，可以参考类似钢种的数据，按标准 GB 4161—84 规定的尺寸选择办法确定 B。B 确定后，则依标准试样图确定试样其他尺寸和裂纹长度 a 及韧带尺寸 W-a。

（2）试样的制备。试样可以从部件上切取，也可以从铸、锻件毛坯或原材料上切取。由于材料的断裂韧度与裂纹取向和裂纹扩展方向有关，所以切取试样时应予以注明。

试样毛坯一般须经粗加工—热处理—磨削加工等工序，随后用线切割开缺口和预制疲劳裂纹。为了保证后面预制的裂纹平直，缺口应尽可能尖锐，一般要求尖端半径为 0.08~0.1mm。开好缺口的试样在高频疲劳试验机上预制疲劳裂纹。预制裂纹的长度不小于 1.5mm。裂纹总长是切口深度与预制裂纹长度之和，应控制在 0.45~0.55W 范围内，平均为 0.5W。预制疲劳裂纹的 $K_{max} < 2K_{IC}/3$。预制疲劳裂纹过中，要用读数显微镜仔细监视裂纹的发展，遇有试样两侧裂纹发展深度相差较大时，可将试样调转方向继续加载。

三、实验设备及材料

（1）实验设备及仪器：

1）高频疲劳实验机；

2）万能材料试验机；

3）载荷传感器；

4）夹式引伸计；

5）动态应变仪；

6）X-Y 函数记录仪；

7）读数显微镜；

8）游标卡尺。

（2）试样：采用 GB 4161—84《金属材料平面应变断裂韧度 K_{IC} 试验方法》规定的三点弯曲试样，试样尺寸如图 9-1 所示，材料为中、高碳钢。试样热处理工艺为淬火＋低温回火，保证 $\sigma_{0.2}$ 较高而 K_{IC} 较低。

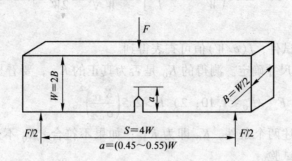

F

$W=2B$

a

$B=W/2$

$F/2$　　　$S=4W$　　　$F/2$

$a=(0.45\sim0.55)W$

图 9-1　三点弯曲试样

四、实验方法及步骤

（1）测量试样尺寸。在缺口附近至少 3 个位置上测量试样的宽度 W 和试样的厚度 B，准确到 0.025mm（取其中较大者），各取其平均值。

（2）试样上粘贴刀口。在试样缺口两侧对称地用 502 瞬时胶水贴上两片刀口。

（3）安装弯曲试样支座，使加力线通过跨距 S 的中点，偏差小于 $1\%S$。

（4）放置试样。应使裂纹顶端在位于跨距的中心，偏差也不得超过 $1\%S$，而且试样与支承辊的轴线应成直角，偏差在 $\pm2°$ 以内。

（5）安装引伸计。使刀口与引伸计两臂前端的凹槽配合良好。

（6）将载荷传感器和夹式引伸计的接线分别按"全桥法"接入动态应变仪，并进行平衡调节。用动态输出档将载荷 F 及裂纹尖端张开位移 V 的输出讯号分别接到函数记录仪的"Y"和"X"接线柱上。调整好函数记录仪的放大比例，使记录的曲线线性部分的斜率在 0.7～1.5 之间，最好在 1 左右；再调整动态应变仪和 X-Y 记录仪的放大倍数使画出的图形大小适中。三点弯曲试样的断裂韧性实验的示意图如图 9-2 所示。

（7）开动试验机，对试样缓慢而均匀地加载，加载速率的选择应使应力场强度因子的增加速度在 17.4～87.0N/（$mm^{3/2}\cdot s$）范围内。在加载的同时记录 F-V 曲线，直到试样所能承受的最大载荷后停止。

此外，在加载过程中，还应在 F-V 曲线上记录任一初始力和最大力的数值（由试验机表盘读取），以便对 F-V 曲线上的力值进行标定。

（8）试验结束后，取下引伸计，压断试样。将压断后的试样在读数显微镜

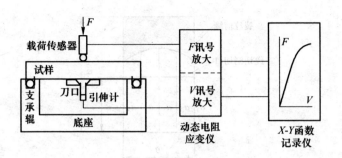

图 9-2　三点弯曲试样试验装置示意图

下测量裂纹长度 a。

测试结束后，数据处理方法如下。

（1）裂纹失稳扩展时的临界载荷 F_Q。由于试样厚度与材料韧性不同，从函数记录仪中所得 F-V 曲线主要有三种类型，它们分别对应于三种断口外貌（如图9-3 所示）。

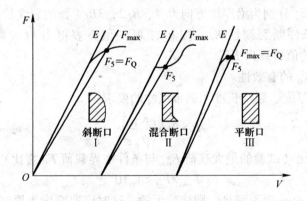

图 9-3　三种典型的 F-V 曲线

Ⅰ型—稳定扩展型；Ⅱ型—局部扩展型；Ⅲ型—失稳扩展型

从 F-V 曲线图上确定 F_Q 的方法是：先从原点 O 作一相对直线 OE 部分斜率减少5%的直线来确定裂纹失稳扩展载荷 F_Q，直线与 F-V 曲线的交点为 F_5，如果在 F_5 之前没有比 F_5 大的高峰载荷，则 $F_Q = F_5$（图9-3 曲线Ⅰ）；如果在 F_5 之前有一个高峰载荷，则取这个高峰载荷为 F_Q（图9-3 曲线Ⅱ和曲线Ⅲ）。

（2）测定裂纹长度 a。与临界载荷 F_Q 对应的裂纹长度 a_Q，计算时可取初始裂纹长度 a，直接从断后试样上量出。试样断裂后，可观察到裂纹长度沿厚度 B 方向呈弧状形，如图9-4 所示。

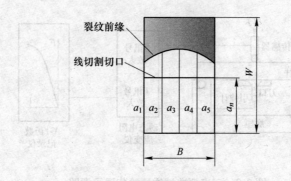

图 9-4　裂纹前缘

　　为了能利用前述应力强度因子公式（公式中的 a 是对应着平直前缘裂纹的长度）计算试样的 K_{IC}，需要确定与试样的实际前缘裂纹相等效的平直前缘裂纹长度 a。可取等效平直前缘裂纹长度：

$$a = \frac{1}{3}(a_2 + a_3 + a_4) \tag{9-4}$$

式中，a_2、a_3、a_4 分别为沿厚度方向 $B/4$、$B/2$、$3B/4$ 处的裂纹长度。

　　（3）计算条件断裂韧性 K_Q。按 a 与 W 的值查表得出 $f(a/W)$ 的值，根据 $f(a/W)$ 与 F_Q 的值可算出 K_Q。

　　（4）判断 K_Q 的有效性。

　　1）对试件厚度、裂纹长度和韧带尺寸的要求：

$$B > 2.5 \left(\frac{K_{IC}}{\sigma_{0.2}} \right)^2 \tag{9-5}$$

　　2）对载荷比（试验的最大载荷 F_{max} 与条件临界载荷 F_Q 之比）的要求：

$$F_{max} / F_Q < 1.10 \tag{9-6}$$

上述条件中有一项不满足，则试验无效，这时应取厚度为原试样厚度 1.5 倍的标准（或比例）试样重做试验。当上述条件全部满足时，则 K_Q 即为材料的平面应变断裂韧度 K_{IC}。

五、实验报告要求

　　（1）简述三点弯曲试样测试 K_{IC} 的原理及实验过程。

　　（2）简述三点弯曲试样是如何保证材料断裂韧性 K_{IC} 的测定的。

　　（3）简述影响材料的断裂韧性 K_{IC} 测定的因素。

实验10　材料线膨胀系数测定

一、实验目的

（1）了解膨胀仪的结构及测量原理。

（2）测定钢的相变临界温度。

二、实验原理

对于一般的金属材料，通常所说的热膨胀系数是指线膨胀系数，其意义是温度升高1℃时单位长度上所增加的长度。假设物体原来的长度为 L_0，温度升高后长度的增加量为 ΔL，则

$$\Delta L / L_0 = \alpha \Delta T$$

式中，α 为线膨胀系数，即温度每升高1℃时，物体的相对伸长。

线膨胀系数实际上并不是一个恒定的值，而是随着温度的变化而变化，所以上述线膨胀系数都是在一定温度范围 ΔT 内的平均值的概念。

金属在加热或者冷却时，尤其是在相变时，其体积将发生变化。当体积发生变化时，在任何方向上金属的长度均将发生变化。膨胀分析就是基于测量金属在温度改变时或者相变时长度的变化，来研究金属内部的各种转变。所以用膨胀分析可以测量金属在加热与冷却过程中的临界点，以及金属的线膨胀系数等。

对钢而言，奥氏体的比容较珠光体、铁素体以及马氏体的比容为小。如果取一含碳量低于0.77%的亚共析钢加热之，并不断地测出试样在各个温度下的伸长量，则可以看到，从室温加热到 A_{c_1}，试样将随温度的升高不断地伸长，这时纯热膨胀。到 A_{c_1} 后，珠光体在此温度下转变为奥氏体。由于奥氏体比容小，致使长度减小。故在伸长-温度曲线上出现了一个转折点。在珠光体全部转变为奥氏体之后，试样温度又继续升高。在此过程中，随着温度的升高，铁素体不断转变为奥氏体而使试样的长度缩短，但同时由于升温的影响，奥氏体以及尚未转变的铁素体的体积均将随温度上升而增大，故此时试样的伸长实际上为两者之差。当温度达到 A_{c_3} 时，所有的铁素体均已转变为奥氏体。此时如果继续升温，则试样体积的增加仅由奥氏体的膨胀所引起，故试样的长度又以较快的速度随温度的升高而不断地增长。图10-1为钢的膨胀曲线示意图，从曲线上可以明显地确定出钢的两个临界点 A_{c_1} 和 A_{c_3}。选取向上的峰值点和向下的峰值点 a'、b' 作为 A_{c_1}、A_{c_3}。

在冷却过程中，可以得到相似的曲线。但由于过热或过冷的原因，冷却时所

得的曲线与加热时所得的曲线并不重合。根据冷却过程中所得的曲线，可以得出 A_{r_1}、A_{r_3} 两个临界点。

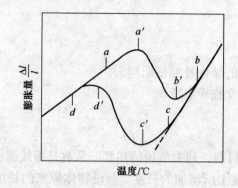

图 10-1   钢的膨胀曲线示意图

本实验所用热膨胀仪中的位移传感器是依据差动变压器原理。加载传感装置中的测试杆，一端顶着试样一端连着位移传感器的铁芯。试样的另一端顶在固定的试样管壁上，因而试样在此端的自由度被限制了，所以试样的膨胀将引起位移传感器的铁芯相应的位移。铁芯的位移引起差动变压器次级线圈电感的变化，故有信号电压输出，此信号电压与试样伸长呈线性关系。将此信号经放大输入位移智能仪表，温度信号输入温度智能仪表，便可得到试样的膨胀曲线。仪器的控制、操作、实验数据处理，均使用微机。

三、实验设备及材料

（1）材料线膨胀系数测试仪。

（2）45 钢。

四、实验方法及步骤

（1）试样的准备：

1）取无缺陷材料作为测定线膨胀系数的试样。

2）试样尺寸依仪器的要求而定。

3）把试样两端磨平，用千分卡尺精确量出长度。

（2）测试步骤：

1）将基座水平安放，调整炉膛的位置，使炉膛与试样管相对运动自如，防止相互擦、碰。调整炉膛时要缓慢，防止损坏炉膛和试样。将炉膛固定在小车上，再调整定位脚在导轨上的位置，使小车靠住定位脚，固紧定位脚，这样能保证测试时试样处于炉膛均温区中。

2）当测试杆和试样接触后位移显示不指示零位，可以通过调节调零旋钮，使位移显示"2000"位。计算机可以自动记录零点位移，作为起始位移，参与运算。

3）检查各部分的连线以及智能仪表设置是否正常，实验的基本要求，各参数测试要求，测试工艺要求等。

4）打开电源，检查智能表 518P 基本参数的设置，连接计算机使计算机系统处于程序运行用户界面，按操作要求步骤进行。

5）升温速度不宜过快，以 5℃/min 为宜，并使整个测试过程均匀升温。

五、实验报告要求

（1）简述热膨胀仪的构造及测试原理。

（2）绘出被测材料的膨胀曲线，由此曲线确定试样的相变临界温度。

（3）计算试样在 50～250℃间的平均线膨胀系数。

（4）对测量结果进行误差分析。

实验11 软磁材料直流磁性能测试实验

一、实验目的

（1）掌握利用软磁材料直流测量装置进行磁性能测试实验的工作原理与基本操作。

（2）观察软磁材料在直流（静态）条件下的磁化曲线和磁滞回线，了解软磁材料的静态磁化过程及机理。

（3）掌握起始磁导率 μ_i、最大磁导率 μ_m、饱和磁感应强度 B_s、剩磁 B_r、矫顽力 H_c 和磁滞损耗 P_u 等软磁材料的静态磁特性参数及其物理意义。

二、实验原理

软磁直流测量装置依据 GB/T 13012—2008，采用冲击法的测量原理，采用计算机控制技术和 A/D、D/A 相结合，以电子积分器取代传统的冲击检流计，实现微机控制下的模拟冲击法测量，不仅可以完全消除经典冲击法中因使用冲击检流计所带来的非瞬时性误差，而且测量精度高、速度快、重复性好、可消除各种人为因素的影响，为研究材料磁化过程机理提供可靠的依据。其原理框架如图 11-1 所示。

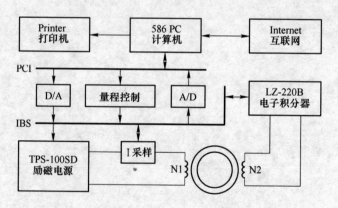

图 11-1 软磁材料直流测量装置原理框架

三、实验设备及材料

（1）软磁材料直流测量装置 1 套。

（2）测试样品，环形，软磁材料。

（3）铜漆包线粗细各 1 根。

（4）游标卡尺，砂纸，手套等。

四、实验方法及步骤

（1）本实验课开始前，由实验老师准备测试实验所用的工具和标准试样。

（2）检查设备，了解设备使用方法。

（3）测量软磁材料标准环形样品的内外径、厚度，用测试专用软件计算其磁芯有效参数：磁芯常数、有效面积、有效长度、有效体积。

（4）使用粗细不同的铜漆包线分别对样品进行线圈缠绕，记录缠绕的匝数（N_1 为励磁线圈，一般为 100 匝左右；N_2 为测量线圈，一般为 10 ~ 15 匝）。

（5）将励磁线圈和测量线圈漆包线的头部用砂纸打磨，露出铜线 2 ~ 3cm，保证导电性。

（6）分别将励磁线圈 N_1 和测量线圈 N_2 连接在软磁材料直流测量装置相应的接口位置上，为了获得起始测量状态，测试前要先对样品加退磁电流进行退磁，使其 $H = 0$，$B = 0$。

（7）退磁后的样品可以进行磁化曲线和磁滞回线的测量，输入样品的磁性参数，设置测试磁场，点击测试装置专用软件的相应工具进行测量，观察软磁材料的磁化过程，软磁材料的磁化曲线和磁滞回线测量结果如图 11-2 和图 11-3 所示。

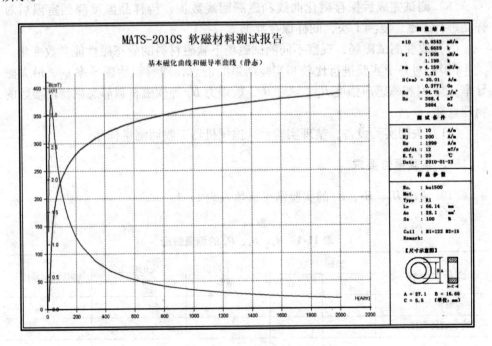

图 11-2　软磁材料磁化曲线测试报告图

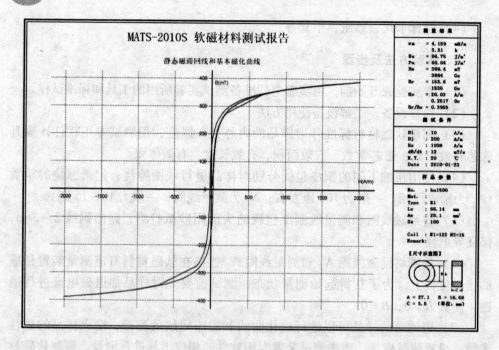

图 11-3　软磁材料磁滞回线测试报告图

（8）测试完成后保存磁化曲线和磁滞回线数据，待样品温度降到室温后对样品进行退磁，复测 1 次，同样保存数据。

（9）改变测试磁场，观察不同测试磁场下软磁材料的静态磁性能参数变化。

（10）对各个实验进行比较和实验结果的汇总，理解起始磁导率 μ_i、最大磁导率 μ_m、饱和磁感应强度 B_s、剩磁 B_r、矫顽力 H_c 等软磁材料静态磁特性参数的物理意义。

（11）关闭实验设备，整理实验台，擦拭机器，收回测量样品。

五、实验报告要求

（1）给出 H_c、B_s、B_r 的实验结果，填入表 11-1。

表 11-1　H_c、B_s、B_r 的测量数据

名　　称	坐标/格数		坐标平均值 /格数	对应的电压值 /V	实验值/单位
	>0	<0			
矫顽力 H_c					
饱和磁感应强度 B_s					
剩磁 B_r					

（2）如果测量前没有将材料退磁，会出现什么情况？

（3）用磁路不闭合的样品进行测量会导致什么结果？

（4）测量时磁场 H 是正弦变化的，磁感强度 B 是否按正弦规律变化？反之，若磁感强度 B 是正弦变化的，磁场 H 是否也按正弦规律变化？

实验 12　金属的极化曲线的测定

一、实验目的

(1) 掌握 PS-268A 型电化学工作仪的工作原理及一般操作。
(2) 掌握测定金属极化曲线的原理和方法。
(3) 了解极化曲线的意义和应用。

二、实验原理

为了探索电极过程机理及影响电极过程的各种因素，必须对电极过程进行研究，其中极化曲线的测定是重要方法之一。在研究可逆电池的电动势和电池反应时，电极上几乎没有电流通过，每个电极反应都是在接近于平衡状态下进行的，因此电极反应是可逆的。但当有电流明显地通过电池时，电极的平衡状态被破坏，电极电势偏离平衡值，电极反应处于不可逆状态，而且随着电极上电流密度的增加，电极反应的不可逆程度也随之增大。由于电流通过电极而导致电极电势偏离平衡值的现象称为电极的极化，描述电流密度与电极电势之间关系的曲线称作极化曲线，如图 12-1 所示。

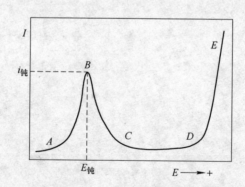

图 12-1　阳极极化曲线

(1) 从点 A 到点 B 的电位范围称金属活化溶解区。此区域内的 AB 线段是金属的正常阳极溶解，金属以 n 价形式进入溶液，$M \rightarrow M^{n+} + ne^-$，A 点称为金属的自然腐蚀电位。

(2) 从 B 点到 C 点称为钝化过渡区。BC 线是由活化态到钝化态的转变过程，B 点所对应的电位称为致钝电位 $E_{钝}$，其对应的电流密度 I 称为致钝电流密度 $I_{钝}$。

（3）从 *C* 点到 *D* 点的电位范围称为钝化区。在此区域内由于金属的表面状态发生了变化，使金属的溶解速度降低到最小值，与之对应的电流密度很小，基本上不随电位的变化而改变。此时的电流密度称为维持钝化的电流密度，其数值几乎与电位变化无关。

（4）*DE* 段的电位范围称为过钝化区。在此区阳极电流密度又重新随电位增大而增大，金属的溶解速度又开始增大，这种在一定电位下使钝化了的金属又重新溶解的现象叫做过钝化。电流密度增大的原因可能是产生了高价离子（如铁以高价转入溶液），如果达到了氧的析出电位，则析出氧气。

凡是能使金属保护层破坏的因素都能使钝化了的金属重新活化。例如，加热，通入还原性气体，阴极极化，加入某些活性离子，改变溶液的 pH 值以及机械损伤等。实验表明，Cl^- 离子可有效地使钝化了的金属活化。

测定极化曲线实际上是测定有电流流过电极时电极的电位与电流的关系，极化曲线的测定可以用恒电流和恒电位两种方法。恒电位法是将研究电极的电位恒定地维持在所需的数值，然后测定相应的电流密度，从而得出极化曲线。

恒电流法是控制被测电极的电流密度，使其分别恒定在不同数值上，然后测定与每一个恒定的电流密度相对应的电位值。将测得的这一系列的电位值记下后，与电流密度在平面坐标系中标出一一对应的点，连接这些点组成的曲线，即为极化曲线。

用恒电流法测得的极化曲线反映了电极电位是电流密度的函数。恒电流法比较容易操作，是常用的极化曲线测量方法。恒电流法测量极化曲线的设备与方法如图 12-2 所示。

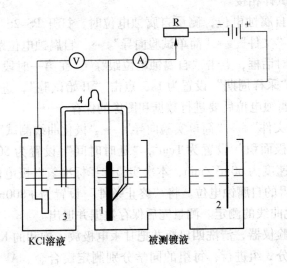

图 12-2 恒电流法测量极化曲线示意图

在 H 形电解槽中放入被测镀液，被研究电极 1 和辅助电极 2 分别安置在 H 形电解槽的两端。为了维持电路中电流的恒定，外线路的变阻器 R 的电阻值要远大于 H 电解槽的电阻（100 倍以上）。调节 R 使电流表 A 上的值依次恒定，可从电位计 V 上依次测得相应的电极电动势。由于参比电极 3 的电位值是已知的，因此可以求出待测电极不同电流下的电极电位。为了消除 H 形电解槽中溶液的欧姆电位降的影响，盐桥 4 的毛细管尖端应尽量靠近待测电极 1 的表面。参比电极不直接放入被测电解液也是为了消除电解液对参比电极电位的影响。参比电极通常都是放置在 KCl 溶液中。有时在这两个电解池中间还加一个装有被测镀液的电解池，再增加一个盐桥，使参比电极电位更少受到影响。

三、实验设备及材料

（1）PS-268A 型电化学工作仪，电子计算机 1 台。

（2）四口瓶 1 只，参比电极（饱和甘汞电极），辅助电极（铂电极）各 1 只。

（3）所用的溶液是浓度为 3.5% 的 NaCl 溶液。

四、实验方法及步骤

（1）将阳极试验的面积做成 $1cm^2$。

（2）实验通过参比电极（饱和甘汞电极，SCE）、辅助电极（铂片）和测试材料（工作电极）组成三电极体系。首先将 PS-268A 型电化学测量仪打开预热。将 PS-268A 型电化学测量系统的蓝电极线与参比电极连接，红线和辅助电极连接，双线和阳极试样相接。

（3）先测试自腐蚀电位，测量自腐蚀电位时，打开 PS-268A 型电化学测量系统，点击菜单"文件"→"简单试验向导"→"自腐蚀电位跟踪"，弹出"自腐蚀电位跟踪"对话框，点击"自腐蚀电位跟踪"。在第一时段中把"时长"设置为 20min，把"采样周期"设置为 1s，点击"开始试验"，进行自腐蚀电位的测定。测定完自腐蚀电位后要进行数据和图像的保存。

（4）打开"文件"→"简单实验向导"→"极化曲线测试"。

（5）把"电极面积"设置为 $1cm^2$，"延时时间"设置为 50s，"采样周期"设置为 5s，扫描速度为 60mV/min，本次实验选择标准氢电极电位。"起始电位"设置为前面所测得的自腐蚀电位。将"终止条件"设置为 +800mV，点击"开始试验"，进行极化曲线的测定。测量完后保存数据并退出。

（6）整理实验仪器，清洗四口瓶并把甘汞电极放入饱和的 KCl 溶液中浸泡。

（7）实验共分 3 组进行，每组的同学分别测定镁合金、Al 合金，以及铜的极化曲线。

五、实验报告要求

（1）根据实验测得的数据，绘制出各种材料的极化曲线图。

（2）简述什么是电极的极化。

（3）简述影响金属钝化过程的几个因素。

实验 13 平面变形抗力 *K* 值的测定

一、实验目的

（1）了解变形抗力随变形程度、变形温度、变形速度的变化规律。
（2）分析影响变形抗力的因素及依据具体条件确定变形抗力数值。
（3）掌握平面变形抗力的测定方法。

二、实验原理

金属塑性变形时，受到施加的外力作用，此力称为变形动力，而金属抵抗变形的力称为变形抗力，变形抗力反映金属变形的难易程度，它既是确定塑性加工力能参数的主要因素，又是金属材料的主要力学性能指标。从塑性成型工艺角度讲，总希望变形金属具有低的变形抗力，故了解影响变形抗力的因素和研究如何降低变形抗力具有重要意义。利用平面压缩实验可以较准确测定平面变形抗力。熟悉变形条件对材料变形抗力的影响。

平面变形压缩实验采用图 13-1 所示装置，该装置的参数如下：（1）锤头宽度 l, mm；（2）试样厚度 H, mm；（3）试样宽度 b, mm。

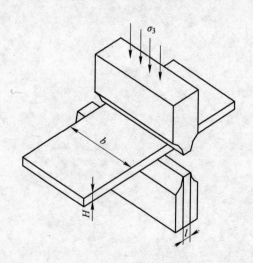

图 13-1 实验装置示意图

锤头宽度：

$$l = 2 \sim 4H$$

试料宽度：

$$b > 5l$$

压缩变形时，只有接触表面充分润滑，近似地看作无摩擦，l/b 的比值较小时，此变形过程可以认为是平面变形状态。此时，把压缩方向的应力用 σ_3 表示。$\sigma_3 < 0$，金属塑性流动方向应力 $\sigma_1 = 0$，$\sigma_2 = \sigma_3/2$；

$$d\varepsilon_1 = -d\varepsilon_3, \quad d\varepsilon_2 = 0$$

根据塑性变形条件：

$$\sigma_1 - \sigma_3 = 2/\sqrt{3}\sigma_s = 1.155\sigma_s$$

即

$$\sigma_3 = 1.155\sigma_s$$

此时所测得的平均单位压力即为平面变形抗力：

$$\bar{p} = -\sigma_3 = 1.155\sigma_s = 2k = K$$

$$\varepsilon_e = 2/\sqrt{3}\varepsilon_3 = -2/\sqrt{3}\ln\frac{H}{h} = -1.155\ln\frac{H}{h}$$

在实验过程中，即使润滑良好，也有轻微摩擦的影响，取摩擦系数 $f = 0.02 \sim 0.04$，用全滑动条件下应力状态影响系数 n'_σ 对 K 值进行修正：

$$n'_\sigma = \frac{\bar{p}}{K} = \frac{e^x - 1}{x} \qquad K = \frac{\bar{p}x}{e^x - 1} \qquad x = \frac{fl}{h}$$

式中　K——平面变形抗力；

　　　$\bar{p}$——平均单位压力；

　　　h——试料压缩后的厚度；

　　　f——摩擦系数。

三、实验设备及材料

（1）1600kN 液压万能试验机，100kN 电子万能试验机，平面变形抗力压缩装置。

（2）千分表，表架，游标卡尺。

（3）软态纯铝试料：长×宽×厚 = 100mm×30mm×3mm。

四、实验方法及步骤

安装好实验装置，取锤头宽度 $l = 6$mm，检查试料表面质量，用酒精棉团擦洗干净，测量试料厚度 H，涂上润滑剂进行压缩，压缩变形程度取 5%，10%，20%，40%，测量压缩后的厚度 h，记录每次变形终了的载荷，并计算变形程度 ε，K 值修正后记入表 13-1 中。表中 P 为记录的终了载荷，S 为面积。

表 13-1　实验数据表

数据 ＼ 变形程度/%	5	10	20	40
H/mm				
h/mm				
P/kN				
S/mm^2				
$\bar{p}$/MPa				
K/MPa				
ε_e/%				

五、实验报告要求

（1）绘制 K-ε_e 曲线，并分析变化规律。

（2）分析实验过程中可能产生的误差。

（3）简述影响平面变形抗力的因素。

实验 14　圆环镦粗法测定金属材料的摩擦系数

一、实验目的

（1）熟悉利用圆环镦粗法测定金属材料在塑性变形时摩擦系数的方法。

（2）了解摩擦系数理论校准曲线的绘制方法和过程。

（3）观察圆环镦粗的内、外孔的变形规律。

（4）认识变形与摩擦及润滑的关系。

二、实验原理

在塑性加工中，被加工金属与工、模具之间都有相对运动或相对运动的趋势，因而在接触表面便产生阻止切向运动的阻力，即摩擦力。它是高压下产生的摩擦，而且多在高温下进行，情况复杂。

摩擦系数通常是指接触面上的平均摩擦系数。为了正确计算金属材料在塑性变形时的变形力，必须测定摩擦系数，或者根据具体变形条件、润滑条件合理选用由实验测定出的摩擦系数值。

（1）摩擦系数的计算。根据库仑定律，摩擦系数 μ 可表示为

$$\tau = \mu \sigma_N$$

式中　τ——接触表面上的摩擦切应力；

　　　σ_N——接触表面上的法向（正）应力。

在金属塑性成型时，$\tau = K$，$S = \sigma_N$，则分别由 Tresca 屈服准则和 Mises 屈服准则可得 $\mu_{max} = 0.5 \sim 0.577$。当 $\tau < K$ 时，摩擦切应力的变化规律的两种假设——库仑摩擦条件和常摩擦力条件，可表示为

$$\tau = \mu' S$$

式中　S——流动应力；

　　　μ'——（换算）摩擦系数，它与摩擦因子 m 的关系是

$$\mu' = \frac{m}{2} \quad \text{（Tresca 屈服准则）}$$

$$\mu' = \frac{m}{\sqrt{3}} \quad \text{（Mises 屈服准则）}$$

式中，摩擦因子 m 为随变形条件而变的常数。

（2）摩擦系数的测定。目前常用的摩擦系数的测定方法有：1）直接测定法，即直接测出正应力和切应力，从而确定摩擦系数，如夹钳-轧制法等；2）间

接测定法，即根据摩擦系数对金属中性层位置的影响测定摩擦系数，如圆环镦粗法、楔块镦粗法等。

本实验项目采用圆环镦粗法测定金属材料在塑性变形时的摩擦系数。

在平砧间镦粗圆环试件时，由于试件与砧面间摩擦状况不同，即摩擦系数不同，圆环试件的变形情况不同，其内径、外径在镦粗后也将有不同的变化。摩擦系数很小时，镦粗后圆环的内径、外径都要增大（图14-1b），随着摩擦系数的增加，镦粗试件的变形特征逐渐发生变化，当摩擦系数超过某一临界值（$m_c = 0.05 \sim 0.06$），在圆环中出现一个半径为 R_n 的中性层：该层以外的金属向外流动，以内的金属向中心流动，使得圆环的外径增大，内径减小（图14-1c）。

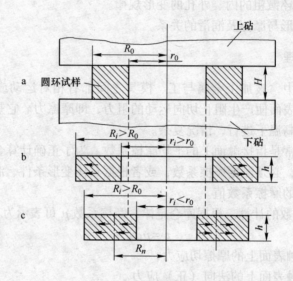

图 14-1　圆环镦粗的变形情况
a—镦粗前圆环试样；b—$m < m_c$；c—$m > m_c$

实验和研究表明，中性层半径 R_n 与摩擦因子 m 有关，因此根据中性层半径 R_n 和圆环尺寸可以确定摩擦因子 m 值。虽然中性层半径无法直接测量，由于镦粗后的圆环内径变化与中性层半径 R_n 有关，所以也可以由测量内径确定摩擦系数。

通常是利用塑性理论对圆环变形进行分析，在理论上推导出中性层半径 R_n、摩擦因子 m 与圆环尺寸的理论关系，求出给定一个 m 时在连续的较小的压缩量下与圆环内径变化的对应关系，进而由此可做出不同摩擦系数条件下，内径随压缩量而变化的一系列曲线——摩擦系数理论校准曲线。直接根据每次镦粗后圆环的内径、高度查出试件在这种变形条件下的摩擦因子 m，并求得摩擦系数 μ 值。

（3）摩擦系数标定曲线的绘制。根据功平衡法（即能量法），并做如下假设：金属材料服从 Mises 屈服准则，接触面上的摩擦切应力符合常摩擦力条件，均匀变形，变形前后体积不变，而且不考虑形状硬化等情况。

由于摩擦系数和中性层半径 R_n 在镦粗过程中都在变化，因此采用等小变形法绘制理论曲线。

1）根据圆环原始尺寸求摩擦因子的临界值 m_c（此时 $R_n = r_0$）：

$$m_c = \frac{H}{2R_0\left(1 - \frac{r_0}{R_0}\right)}\ln\left(\frac{3\left(\frac{R_0}{r_0}\right)^2}{1 + \sqrt{1 + 3\left(\frac{R_0}{r_0}\right)^4}}\right)$$

式中　H——镦粗前圆环高度；

r_0——镦粗前圆环内径；

R_0——镦粗前圆环外径。

2）预先给定一系列 m 值，由圆环原始尺寸求 R_n（如可以分别令 $m = 0$，0.05，0.1，0.2，0.3，0.4，0.5，0.6，0.7，0.8，0.9，1.0，各求出一组镦粗后的圆环尺寸）。

①当 $R_n \leqslant r_0$，即 $m \leqslant m_c$ 时，

$$R_n = R_0 \sqrt{\frac{3}{2} \times \frac{1 - \left(\frac{r_0}{R_0}\right)^4 x^2}{\sqrt{x(x-1)\left[1 - \left(\frac{r_0}{R_0}\right)^4 x\right]}}} \tag{14-1}$$

式中，$x = \left\{\frac{R_0}{r_0}\exp\left[-m\left(\frac{R_0}{H}\right)\left(1 - \frac{r_0}{R_0}\right)\right]\right\}^2$。

注意：若在 $m < m_c$ 时，求出的 R_n 满足 $R_n > r_0$ 和式（14-2），则改用式（14-3）计算 R_n。

$$m\frac{R_0}{H} \geqslant \frac{1}{2\left(1 - \frac{r_0}{R_0}\right)}\ln\left[\frac{3\left(\frac{R_0}{r_0}\right)^2}{1 + \sqrt{1 + 3\left(\frac{R_0}{r_0}\right)^4}}\right] \tag{14-2}$$

②当 $r_0 < R_n < R_0$，即 $m > m_c$ 时，

$$R_n \approx \frac{2\sqrt{3}mR_0^2}{H\left(\frac{R_0^2}{r_0^2} - 1\right)}\left\{\sqrt{1 + \frac{\left(1 + \frac{r_0}{R_0}\right)\left[\left(\frac{R_0}{r_0}\right)^2 - 1\right]H}{2\sqrt{3}mR_0}} - 1\right\} \tag{14-3}$$

3）设圆环在小变形（$\Delta h = 1\text{mm}$）下 R_n 保持不变，利用体积不变条件求变形后圆环的内径 r_1、外径 R_1：

$$r_1 = \sqrt{\frac{R_n^2 h - (R_n^2 - r_0^2) H}{h}} \qquad (14\text{-}4)$$

$$R_1 = \sqrt{\frac{H}{h}(R_0^2 - r_0^2) + r_1^2} \qquad (14\text{-}5)$$

式中　h——圆环镦粗后的高度，$h = H - \Delta h$。

4）将第一次小变形后的 r_1，R_1 和 h 作为第二次等小变形前的原始尺寸 r_0、R_0 和 H，重复步骤 1）~3）计算出第二次等小变形后的圆环尺寸，如此反复连续计算，直到压缩量为原始高度的 50% 为止，就得出一组 m、h、r_0 对应关系。

5）根据求出的 h 和 r_0，就可绘制出一条这一 m 值下的理论曲线。

6）重复上述过程，就可绘制出这一尺寸圆环的镦粗理论校准曲线。

图 14-2 所示为圆环尺寸为外径×内径×高度 = 40mm×20mm×10mm 的圆环镦粗理论曲线，它也适用于外径:内径:高度 = 4:2:1 的试件。

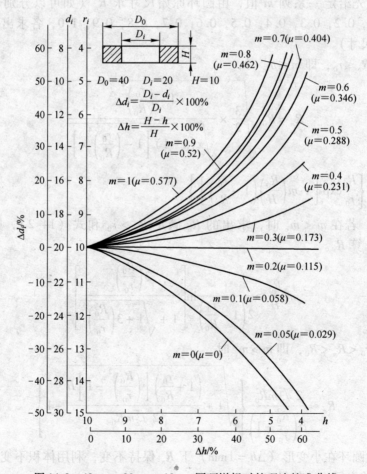

图 14-2　40mm×20mm×10mm 圆环镦粗时的理论校准曲线

另外，为了减轻繁杂的计算，可以编写程序，利用计算机进行辅助计算。

（4）选用理论校准曲线确定 m 值。选用理论校准曲线确定 m 值时应注意试件尺寸与计算用的尺寸是否相同。

1）对于外径∶内径∶高度比值相等的试件，可选用 Δd_i-Δh 坐标系求 m。

当试件尺寸与绘制理论曲线用的试件尺寸完全相同时，也可选用 d_i-h 坐标系，采用插值法直接测定 m。

2）对于外径、内径相同而高度不同的试件，可选用 Δd_i-Δh 坐标系，将测定的 m' 做以下换算即得

$$m = m'\frac{H_2}{H_1} \tag{14-6}$$

式中　H_1——绘制理论曲线用的圆环高度；

　　　H_2——实验用的圆环高度。

三、实验设备及材料

（1）微机控制材料试验机。

（2）游标卡尺、平垫板等。

（3）润滑剂∶机油。

（4）LD5 试件两个∶外径 = 40mm，内径 = 20mm，高度 = 10mm。

四、实验方法及步骤

（1）精确测量试件原始尺寸。

（2）采用机油润滑，把试样两个端面均匀地涂上一层机油后置于垫板中心。

（3）进行镦粗实验∶每次压缩 1 ~ 2mm，直至压缩量达到试件原始高度的 50%，即 $h = 5$mm 为止。

（4）测量每次压缩后圆环高度及圆环上、中、下三处的内径并求出平均值。

（5）擦净工作面，换上另一试件，不用任何润滑剂，重复上述实验。

（6）整理数据，查图并计算摩擦系数 μ，比较两组实验效果。

（7）将加压参考数据填入表 14-1。

表 14-1　加压参考数据

加压次数	内径/mm	压后高度/mm
0		
1		
2		

加压次数	内径/mm	压后高度/mm
3		
4		
5		

五、实验报告要求

（1）写明实验的目的、原理、设备以及实验步骤。

（2）正确处理数据。

（3）分析实验结果和影响测定值精度的因素。

（4）编制计算机程序，绘制图 14-2 圆环镦粗时的理论校准曲线（可选做）。

实验 15　金属板料成型性能实验

一、实验目的

（1）掌握利用自动数显杯突实验机进行杯突实验的工作原理与基本操作。
（2）测定金属材料在特定条件下的塑性指标——杯突值 IE。
（3）通过试验观察分析，了解塑性指标的意义。

二、实验原理

物体受到外力作用时，就会发生变形，变形超过弹塑性变形阶段后，去除外力，一部分变形会发生弹性恢复，但仍会保留一定量的变形不能恢复，这部分变形就是塑性变形。金属材料在外力作用下，会发生永久变形而不破坏其完整性的能力称之为金属的塑性。

材料在出现破坏迹象之前，所能承受的塑性变形量越大，其塑性就越好，但材料的塑性受诸多因素的影响，一般分为内部因素和外部因素，内部因素包括晶格类型、化学成分、组织状态等。外部因素有热力学因素（变形温度、变形速度、变形程度），应力状态因素（外摩擦、工具形状、材料毛坯几何尺寸等）。

为了衡量金属塑性变形能力的好坏，模拟实验是常用的一种测定金属材料塑性指标的方法。如用小试样直接轧制、楔型轧制、杯突实验等。由于模拟实验采用与各种塑性加工过程尽可能一致的条件进行实验，其实验结果可以直接用于相应工艺参数的选择。

杯突实验又称为艾利克森（Erichsen）实验，是一种冲压工艺性能实验，用来衡量材料的深冲性能，该试验方法是测试板料胀形成型性能的一种直接模拟实验方法。实验时，用一块一定尺寸的试件毛坯，夹持在图 15-1 所示的压边圈 4 和凹模 3 之间压死，用球形凸模 1 进行冲压，直到试件圆顶附近出现能透光的裂缝时停止加载。

把凸模压入的深度称为杯突值 IE，作为评价金属薄板胀形成型性能指标。IE 值越高，板料的胀形成型性能越好。这种试验通常是在杯突实验机上进行。试样在做过杯突实验后就像只冲压成的杯子（不过是只破裂的杯子）。钢板深冲性能不好的话，冲压件在制作过程中就很容易开裂。试样破裂可以直接观察到，也可以从冲压力值的下降来判断，一般来说，材料状态越软越均匀，则裂口越圆，而硬态的材料裂口倾向于呈一直线，并往往伴有破裂声。

本实验按照 GB 4156—84《金属杯突实验方法》中对试样尺寸和模具的规定，所选用的模具尺寸如表 15-1 所示。

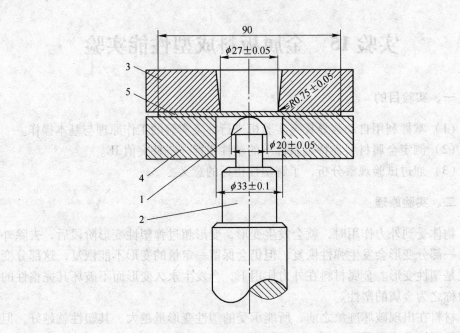

图 15-1　杯突实验装置

1—凸模；2—凸模座；3—凹模；4—压边圈；5—试件毛坯

表 15-1　杯突实验试样及模具

试件宽度/mm	试件厚度/mm	冲头直径/mm	凹模孔径/mm	压边圈孔径/mm
90	≤2	$\phi 20$	$\phi 27$	$\phi 33$

试样为 90mm×90mm，厚度不大于 2mm 的方形金属薄板。试件表面应平整无伤痕，边缘不应有毛刺。

三、实验设备及材料

（1）自动数显杯突实验机（GBS-60B）。

（2）纯铝板材，退火处理的纯铝板材（400℃×1h），镁合金板材。

（3）游标卡尺，棉纱，手套，润滑油等。

四、实验方法及步骤

（1）本实验课开始前，由实验老师准备杯突实验所用的工具和试样。

（2）检查设备，了解设备使用方法。

（3）把凸模座 2 装到杯突实验机的中心活塞上，再把压边圈 4 放到压边活塞上。压边圈上的凸梗与压边活塞上的沟槽合好，起定位作用。

（4）把试样清洗干净，涂上润滑油后放到压边圈上，并由压边圈上的正方形沟槽定位。

（5）把凹模3装在实验机的凹模座中，并把凹模底放置到模筒中，置于锁紧位置。

（6）按下压边开关的按钮。调整压边调压阀的液压手柄，使液压达到2.6MPa，此时压边力约为10kN。

（7）按下中心活塞上行按钮（即胀型开关的按钮），凸模上升进行冲压，注意观察试件，当试件圆顶附近出现能透光的裂缝时，迅速停止凸模上升。

（8）对实验数据进行提取汇总，关闭实验设备，整理实验台，擦拭机器及模具，交回借用的工具。

进行实验时，应注意以下几点：

（1）实验应在规定温度下进行；

（2）可测试的试样厚度0.2~2mm，为方形或带形；

（3）在实验前，试样两面和冲头应轻微的涂以润滑油润滑；

（4）相邻两个试样的压痕中心距离不得小于90mm，任一压痕的中心至试样任一边缘的距离不得小于45mm；

（5）试样放在压模和垫模之间压紧，其压边力约为1000kgf（10kN）；

（6）实验速度在5~20mm/min之间，实验结束时将速度降到接近下限，以便使实验更精确。

五、实验报告要求

（1）实验数据记录。将实验数据填入表15-2中。

表15-2 杯突实验测定板料成型性能指标

数据 试样	夹紧力/kN		冲压力/kN		杯突值/mm	
	无润滑	有润滑	无润滑	有润滑	无润滑	有润滑
工业纯铝						
退火处理纯铝						
不锈钢板						

（2）杯突值反映板料的什么性能？

（3）分析影响金属材料杯突值IE的因素及改善其塑性变形性能的途径。

实验 16 雷诺数测定实验

一、实验目的

（1）测定临界雷诺数，掌握圆管流态判别准则。

（2）学习古典流体力学中应用无量纲参数进行实验研究的方法，并了解其实用意义。

二、实验原理

流体在管道中流动存在两种流动状态，即层流与湍流。从层流过渡到湍流状态称为流动的转换，管中流态取决于雷诺数的大小，原因在于雷诺数具有十分明确的物理意义，即惯性力与黏性力之比。当雷诺数较小时，管中为层流，当雷诺数较大时，管中为湍流。转换所对应的雷诺数称为临界雷诺数。由于实验过程中水箱中的水位稳定，管径、水的密度与黏性系数不变，因此可用改变管中流速的办法改变雷诺数。

$$雷诺数\ Re = \frac{vd}{\nu} = \frac{4Q}{\pi d\nu} = KQ; \quad K = \frac{4}{\pi d\nu}$$

三、实验设备及材料

供水流量由无级调速器调控使恒压水箱 4 始终保持微溢流的程度，以提高进口前水体稳定度。本恒压水箱还设有多道稳水隔板，可使稳水时间缩短到 3 ~ 5min。有色水经有色水水管 5 注入实验管道 8，可据有色水散开与否判别流态。为防止自循环水污染，有色指示水采用自行消色的专用色水。

实验设备装置如图 16-1 所示。

四、实验方法及步骤

（1）测记实验的有关常数。

（2）观察两种流态。

打开开关使水箱充水至溢流水位。经稳定后，微微开启调节阀 9，并注入颜色水于实验管内使颜色水流成一直线。通过颜色水质点的运动观察管内水流的层流流态。然后逐步开大调节阀，通过颜色水直线的变化观察层流转变到紊流的水力特征。待管中出现完全紊流后，再逐步关小调节阀，观察由紊流转变为层流的水力特征。

（3）测定下临界雷诺数。

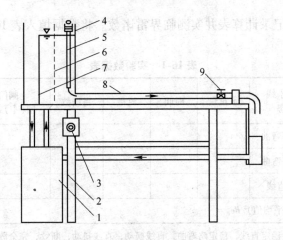

图 16-1 自循环雷诺实验装置图

1—自循环供水器；2—实验台；3—可控硅无级调速器；4—恒压水箱；5—有色水水管；
6—稳水隔板；7—溢流板；8—实验管道；9—实验流量调节阀

1）将调节阀打开，使管中呈完全紊流。再逐步关小调节阀使流量减小。当流量调节到使颜色水在全管刚呈现出一稳定直线时，即为下临界状态。

2）待管中出现临界状态时，用重量法测定流量。

3）根据所测流量计算下临界雷诺数，并与公认值（2320）比较，偏离过大，需重测。

4）重新打开调节阀，使其形成完全紊流，按照上述步骤重复测量不少于3次。

5）同时用水箱中的温度计测记水温，从而求得水的运动黏度。

实验中注意以下问题：

1）每调节阀门 1 次，均需等待稳定几分钟；

2）关小阀门过程中，只许渐小，不许开大；

3）随出水流量减小，应适当调小开关（右旋），以减小溢流量引发的扰动。

（4）测定上临界雷诺数。逐渐开启调节阀，使管中水流由层流过渡到紊流，当色水线刚开始散开时，即为上临界状态，测定上临界雷诺数 1~2 次。

（5）收拾实验台，整理数据。

五、实验报告要求

（1）记录、计算有关常数。

实验装置台号 No.：_____ 管径（cm）$d =$ _____

水温（℃）$t =$ _____ 运动黏度（cm²/s）$\nu =$ _____

计算常数（s/cm³）$K =$ _____

（2）整理、记录计算表并实测临界雷诺数。将数据填入表 16-1 中。

表 16-1　实验数据表

实验次序	颜色水线形态	水重量	时间	流量	雷诺数	阀门开度 增(↑)或减(↓)	备注
1	稳定略弯曲						
2	稳定略弯曲						
3	稳定直线						

实测下临界雷诺数（平均值）Re_c =

注：颜色水形态指稳定直线，稳定略弯曲，直线摆动，直线抖动，断续，完全散开等。

（3）流态判据为何采用无量纲参数，而不采用临界流速？

（4）为何认为上临界雷诺数无实际意义，而采用下临界雷诺数作为层流与湍流的判据？实测下临界雷诺数为多少？

实验 17　流体流速和流量的测量方法

一、实验目的

（1）熟悉毕托管的工作原理、结构、使用方法。
（2）学会使用毕托管测流速并计算流量。

二、实验原理

流体流动时的能量，对于不可压缩的流体，三种能量静压能、动压能、位压能之和为一个常数。本实验位压能很小，可以忽略。因此，静压能和动压能之和为常数，称为总压能，总压力和静压力通常用毕托管来测量，测量时，将毕托管插入被测气流中，压力计上则反映出 $h_总$ 和 $h_静$。

毕托管测量流速的计算式为

$$v = \sqrt{\frac{2(h_总 - h_静)}{\rho}}$$

毕托管测得的为某点的局部速度，为了测定截面上的平均速度，必须将截面按面积均分若干份，测定各份的速度，然后再求它们的算术平均值。

三、实验设备及材料

（1）离心式风机、多管压力计。
（2）标准毕托管、三维坐标架。
（3）流量测量试验段等。

四、实验方法及步骤

试验段装在试验台上，测量时将风量调到一定值并保持不变，调整坐标架，使毕托管依次移到各测量点（先确定各测量点位置），并读数，列于数据表内，测完一组数据后，再改变风门几次，测得不同风量所对应的数据。

注意：毕托管安装必须正对来流方向，离心式风机必须在关闭风门的情况下才能启动。

五、实验报告要求

（1）实验数据记录表。将数据填入表 17-1 中。

表 17-1   实验数据表   （mmH$_2$O）

次数 \ 项目 \ 测量点		1	2	3	4	5	6	7	8
1	$h_全$								
	$h_静$								
2	$h_全$								
	$h_静$								
3	$h_全$								
	$h_静$								
4	$h_全$								
	$h_静$								

注：$1mmH_2O = 9.80665Pa$。

（2）确定流量时，为什么要求平均流速？

（3）毕托管测流量时，应注意些什么？

实验 18　陶瓷材料及复合材料
制备球磨、混粉实验

一、实验目的

（1）掌握陶瓷材料及复合材料制备中的球磨和混粉设备的使用。

（2）掌握陶瓷材料中关键的制粉、球磨工序，复合材料的合金化、混合、掺杂等工艺。

二、实验原理

对于陶瓷材料和复合材料的制备，制粉、混合、掺杂、合金化是其基本的制备方法，其中涉及的设备主要有球磨机和混料机（如图18-1所示）。掌握球磨和混粉设备的使用可以加强对课堂上所学知识的理解，了解陶瓷材料混粉制粉、复合材料合金化、掺杂等工艺过程。

球磨机利用磨料与试料在研磨罐内高速翻滚，对物料产生强力剪切、冲击、碾压，达到粉碎、研磨、分散物料的目的，制备所需的合金粉末和实现材料的合金化。三维混料机利用机械力和重力等，将两种或两种以上物料均匀混合起来，完成材料制备技术过程中的掺杂和合金化。

三、实验设备及材料

（1）球磨机、三维混料机各1台。

（2）陶瓷材料制备用原料氧化物粉末。

（3）复合材料合金化及掺杂粉末。

（4）天平，酒精，样品袋，手套等。

四、实验方法及步骤

（1）本实验课开始前，由实验老师准备测试实验所用的工具和标准试样。

（2）检查设备，了解设备使用方法。

（3）球磨合金化、掺杂实验。采用行星球磨机进行球磨，球磨过程是先用酒精擦洗球磨罐，防止污染材料，然后将基体粉末和需要合金化、掺杂的原料粉末，加入不锈钢球一起放入球磨罐中，选取球料比为6∶1，转速为220r/min，装填比为70%，球磨6h。混合粉末在钼球的撞击下发生严重的塑性变形，并发生冷焊，而由于加工硬化的作用，已冷焊的粉末会发生断裂。从微观上看，因为

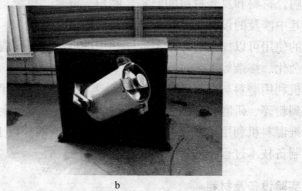

图 18-1　球磨机（a）和三维混料机（b）

球磨导致的变形和冷焊导致了金属内部的缺陷（如位错、点缺陷）和界面的大量增加，使得原子的扩散在较低的温度下也能够进行，即可以实现机械合金化（MA）。在球磨过程中，随着撞击的不断进行，上述的变形、冷焊、断裂的过程不断重复，细化晶粒，并最终实现完全合金化和掺杂的效果。

（4）混料实验操作。采用三维混料机混料，将陶瓷材料制粉所需的各种原材料粉末分多次加入三维混料机以提高混料均匀性，然后搅拌混合 2h 至混合均匀。

（5）关闭实验设备，整理实验台，擦拭机器，收回测量样品。

五、实验报告要求

（1）实验数据记录。将数据填入表 18-1 中。

表 18-1　陶瓷材料及复合材料制备球磨、混粉实验记录

试样＼数据	原料基体粉末	掺杂粉末	合金化粉末	实验条件
陶瓷材料				
复合材料				

（2）球磨和混料的目的是什么？区别是什么？

（3）球磨和混料工艺对陶瓷材料和复合材料制备性能有何影响？

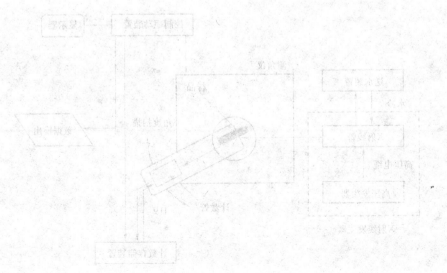

第三部分　材料组织结构及成分分析模块实验

实验 19　X 射线衍射技术及物相定性分析

一、实验目的

（1）熟悉 X 射线衍射仪的构造、工作原理和操作方法。
（2）掌握 X 射线衍射物相定性分析的原理和实验方法。
（3）熟悉 PDF 卡片的查找方法和物相检索方法。

二、实验原理

（一）X 射线衍射仪的工作原理

衍射仪是进行 X 射线分析的重要设备，主要由 X 射线发生器、测角仪、X 射线强度测量系统以及衍射仪控制与衍射数据采集、处理系统四大部分组成。图 19-1 给出了 X 射线粉末衍射仪示意图。

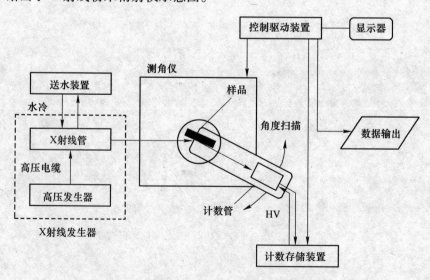

图 19-1　X 射线衍射分析仪器构成的基本框图

　　X 射线发生器主要由高压发生器和 X 射线管组成，它是产生 X 射线的装置。由 X 射线管发射出的 X 射线包括连续 X 射线光谱和特征 X 射线光谱。连续 X 射线光谱主要用于判断晶体的对称性和进行晶体定向的劳埃法，特征 X 射线用于进行晶体结构研究的旋转单晶法和进行物相鉴定的粉末法。测角仪是衍射仪的重要部分，其光路图如图 19-2 所示。X 射线源焦点与计数管窗口分别位于测角仪圆周上，样品位于测角仪圆的正中心。在入射光路上有固定式梭拉狭缝和可调式发散狭缝，在反射光路上也有固定式梭拉狭缝和可调式防散射狭缝与接收狭缝。有的衍射仪还在计数管前装有单色器。当给 X 光管加以高压，产生的 X 射线经由发射狭缝射到样品上时，晶体中与样品表面平行的晶面，在符合布拉格条件时即可产生衍射而被计数管接收。当计数管在测角仪圆所在平面内扫射时，样品与计

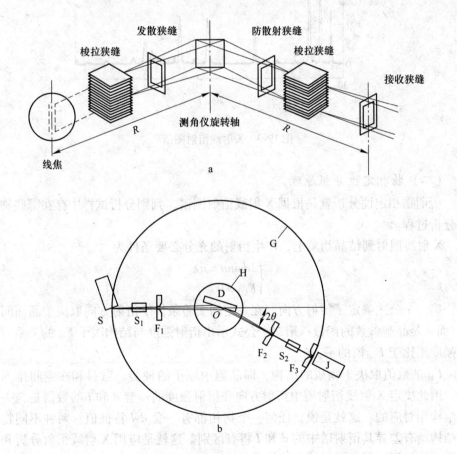

图 19-2　X 射线衍射仪测角仪的衍射几何光路及构造
a—轴线平行图面；b—轴线垂直图面
D—试样；J—辐射探测器；G—大转盘（测角仪圆）；H—样品台；F_1—发散狭缝；F_2—防散射狭缝；
F_3—接收狭缝；S—X 射线源；S_1—入射光路梭拉狭缝；S_2—反射光路梭拉狭缝

数管以 1：2 速度联动。因此，在某些角位置能满足布拉格条件的晶面所产生的衍射线将被计数管依次记录并转换成电脉冲信号，经放大处理后通过记录仪扫描绘成衍射图，如图 19-3 所示。

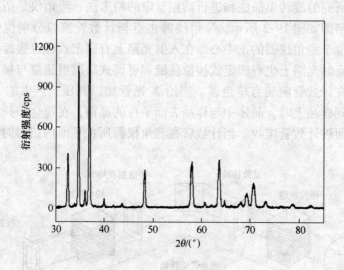

图 19-3　X 射线衍射图谱

（二）物相定性分析原理

所谓物相定性分析就是根据 X 射线衍射图谱，判别分析试样中存在哪些物相的分析过程。

X 射线照射到结晶物质上，产生衍射的充分必要条件为

$$\begin{cases} 2d\sin\theta = n\lambda \\ F_{hkl} \neq 0 \end{cases}$$

第一个公式确定了衍射方向。在一定的实验条件下衍射方向取决于晶面间距 d，而 d 是晶胞参数的函数；第二个公式示出衍射强度与结构因子 F_{hkl} 的关系，衍射强度正比于 F_{hkl} 模的平方。

F_{hkl} 的数值取决于物质的结构，即晶胞中原子的种类、数目和在空间排列方式，因此决定 X 射线衍射谱中衍射方向和衍射强度的一套 d 和 I 的数值是与一确定结构相对应的。这就是说，任何一个物相都有一套 d-I 特征值，两种不同物相的结构稍有差异其衍射谱中的 d 和 I 将有区别。这就是应用 X 射线衍射分析和鉴定物相的依据。所以材料的定性物相分析，就是要确定材料含有什么物相。由衍射原理可知，物质的 X 射线衍射花样，与物质的内部晶体结构有关。每种结晶物质都有特定的结构参数（包括晶体结构类型，晶胞大小，晶胞中原子、离子或分子的位置和数目等），因此，没有两种结晶物质会给出完全相同的衍射花样。所

以，根据某一待测试样的衍射图谱，不仅可以知道物质的化学组成，还能知道它们的存在状态。当试样为多相混合物时，其衍射花样为各组成相衍射花样的叠加。显然，如果事前对每种单相物质都测定一组面间距 d 值和相应的衍射强度（相对强度），并制成卡片，那么在测定多相混合物的物相时，只需将待测试样测定的一组 d 和相应的相对强度，与某卡片的一组 d 值和相对强度进行比较，一旦其中的部分线条的 d 和 I/I_1（相对强度）与卡片记载的数据完全吻合，则多相混合物就含有卡片记载的物相。同理，可以对多相混合物的其余相逐一进行鉴定。

一种物相衍射谱中的 d-I/I_1（I_1 是衍射图谱中最强峰的强度值）的数值取决于该物质的组成与结构，其中 I/I_1 称为相对强度。当两个试样的 d-I/I_1 数值都对应相等时，这两个试样就组成与结构相同的同一种物相。因此，当某一未知物相的试样其衍射谱上的数值与某一已知物相 M 的数据相合时，即可认为未知物即是 M 相。由此看来，物相分析就是将未知物的衍射实验所得的结果，考虑各种偶然因素的影响，经过去伪存真获得一套可靠的 d-I/I_1 数据后与已知物相的 d-I/I_1 相对照，再依照晶体和衍射的理论对所属物相进行肯定和否定。目前，已经测量大约 140000 种物相的 d-I/I_1 数据，每个已知物相的 d-I/I_1 数据制作成一张 PDF 卡片，若未知物在已知物相的范围之内，物相分析工作即是实际可行的。

（三）PDF 卡片检索方法

PDF 卡片检索的发展已经历了三代，第一代是通过检索工具书来检索纸质卡片，现在已经被淘汰。第二代是通过一定的检索程序，按给定的检索窗口条件对光盘卡片进行检索（如 PCPDFWin 程序）。现代 X 射线衍射系统都配备有自动检索系统，通过图形对比方式检索多物相样品中的物相（如 MDI Jade、EVA 软件等）。

三、实验设备及材料

（1）X 射线衍射仪。

（2）实验样品。

（3）JCPDS 数据库。

（4）MDI Jade 软件。

四、实验方法及步骤

测量样品衍射图谱包括样品制备、实验参数选择和样品测试。

（一）样品制备

衍射仪采用平板状样品，样品板为一表面平整光滑的矩形铝板或玻璃板，其上开有一矩形窗孔或不穿透的凹槽。粉末样品就是放入样品板的凹槽内进行测定的，具体的制样步骤为：

（1）将被测试样在玛瑙研钵中研磨成 10μm 左右的细粉；

（2）将适量研磨好的细粉填入凹槽，压实，并用平整光滑的玻璃板将其压紧；

（3）将凹槽外或高出样品面板的多余粉末刮去。重新将样品压平，使样品表面与样品板面一样平齐光滑。

（二）实验参数选择

（1）狭缝：狭缝的大小对衍射强度和分辨率都有很大影响。大的狭缝可以得到较大的衍射强度，但降低了分辨率；小的狭缝提高分辨率，但损失了衍射强度。一般如需要提高强度应选大些的狭缝，需要高分辨率时宜选小些的狭缝，尤其是接收狭缝对分辨率影响更大，一般宽度为 0.15~0.3mm。防散射狭缝一般选用与发散狭缝相同的光阑。每台衍射仪都配有各种狭缝以供选用。

（2）扫描角度范围：不同样品其衍射峰的角度范围不同，已知样品根据样品的衍射峰选择合适的角度范围，未知样品一般选择 5°~70°。

（3）扫描速度：扫描速度是指计数管在测角仪圆上连续均匀转动的角速度，以（°）/min 表示。一般物相分析时，常采用 2~4（°）/min。慢速扫描可使计数器在某衍射角度范围内停留的时间更长，接受的脉冲数目更多，使衍射数据更加可靠。但需要花费较长的时间。对于精细的测量应当采用慢扫描。物相的预检或常规定性分析可采用快速扫描。在实际应用中应根据测量需要选用不同的扫描速度。

（三）样品测试

（1）接通总电源，开启循环水冷机，开启衍射仪总电源，打开计算机。

（2）缓慢升高管电压、管电流至需要值；将制备好的试样插入衍射仪样品台；打开计算机 X 射线衍射仪应用软件，设置合适的衍射条件及参数，开始样品测试，并自动保存测量数据。

（3）测量完毕，缓慢降低管电流、管电压至最小值，关闭 X 光管电源；取出试样；30 分钟后关闭循环水冷机及总电源。

（四）数据分析

（1）打开物相分析软件 MDI Jade；

（2）读取测试样品的数据文件；

（3）对原始数据进行寻峰标记、平滑和扣背景处理；

（4）选定物相检索的条件，进行物相鉴定；

（5）保存并打印物相鉴定结果。

（五）物相分析应注意的问题

（1）制样时应注意的问题。

1）样品粉末的粗细：样品的粗细对衍射峰的强度有很大的影响。要使样品晶粒的平均粒径在 5μm 左右，以保证有足够的晶粒参与衍射。并避免晶粒粗大、晶体的结晶完整，亚结构大或镶嵌块相互平行，使其反射能力降低，造成衰减作用，从而影响衍射强度。

2）样品的择优取向：具有片状或柱状完全解理的样品物质，其粉末一般都呈细片状，在制备样品过程中易于形成择优取向，形成定向排列，从而影响各衍射峰之间的相对强度发生明显变化，有的甚至是成倍地变化。对于此类物质，要想完全避免样品中粉末的择优取向，往往是难以做到的。不过，对粉末进行长时间（例如达 0.5h）的研磨，使之尽量细碎，制样时尽量轻压，这些措施都有助于减少择优取向。

（2）对于物相衍射图谱分析鉴定时应注意的问题。实验所得出的衍射数据，往往与标准卡片或表上所列的衍射数据并不完全一致，通常只能是基本一致或相对地符合。尽管两者所研究的样品确实是同一种物相，也会是这样。因而，在数据对比时注意下列几点，可以有助于做出正确的判断：

1）d 值比 I/I_1 值重要。实验数据与标准数据两者的 d 值必须很接近，一般要求其相对误差在 1% 以内。I/I_1 值允许有较大的误差。这是因为晶面间距 d 值是由晶体结构决定的，它是不会随实验条件的不同而改变的，只是在实验和测量过程中可能产生微小的误差。然而，I/I_1 值却会随实验条件（如靶的不同、制样方法的不同等）不同产生较大的变化。

2）低角度数据比高角度数据重要。对于不同物相，低角度 d 值相同的机会很少，即出现重叠线的机会很少，但对于高角区的线（d 值很小的线），不同物相之间相互近似的机会就增多。此外，当使用波长较长的 X 射线时，就会使高角度线消失，但低角度线则总是存在的。因此，在对比衍射数据时，对于无机材料，应较多地重视低角度的线，特别是 $2\theta = 20° \sim 60°$ 的线。

3）强线比弱线重要。强线代表了主成分的衍射，较易被测定，且出现的情况比较稳定。弱线则可能由于其物相在试样中的含量低而缺失或难以分辨。因此，在核对衍射数据时应对强线给予足够的重视，特别是低角度区的强线。

当混合物中某相的含量很少时，或某相各晶面反射能力很弱时，它的衍射线条可能难于显现，因此，X 射线衍射分析只能肯定某相的存在，而不能确定某相的不存在。

4）注意鉴定结果的合理性。在物相鉴定前，应了解试样的来源、产状、处理过程、做过的其他各种分析测试结果、可能存在的物相及其物理性质，这有利于快速检索物相，也有利于对物相准确的鉴定。

任何方法都有局限性，有时 X 射线衍射分析时往往要与其他方法配合才能得出正确结论。

五、实验报告要求

（1）简要说明 X 射线衍射仪的结构和工作原理。

（2）物相定性分析的原理是什么。

（3）试述 X 射线衍射物相分析步骤及其鉴定时应注意的问题。

实验 20　扫描电镜的结构、工作原理及使用方法

一、实验目的

（1）了解扫描电镜的构造及工作原理。

（2）初步学习扫描电镜的操作方法。

二、实验原理

（一）扫描电镜的构造

扫描电子显微镜（简称扫描电镜或 SEM）是目前较先进的一种大型精密分析仪器，它在材料科学、地质、石油、矿物、半导体及集成电路等方面得到了广泛的应用。其优点是：（1）景深大、图像富有立体感；（2）图像的放大倍率可在大范围内连续改变，而且分辨率高；（3）样品制备方法简单，可动范围大，便于观察；（4）样品的辐照损伤及污染程度较小；（5）可实现多功能分析。扫描电镜外观照片如图 20-1 所示。

图 20-1　扫描电镜外观照片

　　扫描电子显微镜由四部分构成（如图20-2所示）：（1）电子光学系统，包括电子枪、电磁透镜和扫描线圈等；（2）机械系统，包括支撑部分、样品室（可同时或分别装置各种样品台、检测器及其他所属装置）；（3）真空系统；（4）样品所产生信号的收集、处理和显示系统。

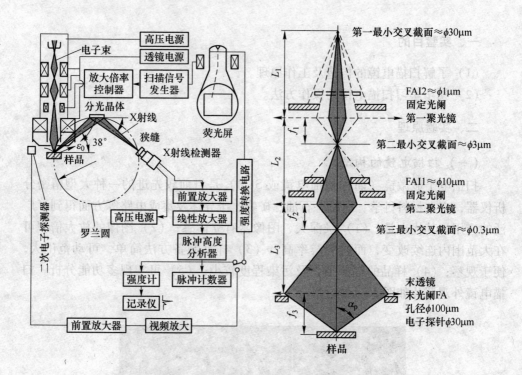

图20-2　扫描电子显微镜构造示意图

a—系统方框图；b—电子光路图

　　（1）电子光学系统。这个系统包括电子枪、电磁聚光镜、扫描线圈及光阑组件。

　　1）电子枪。为了获得较高的信号强度和较好的扫描像，由电子枪发射的扫描电子束应具有较高的亮度和尽可能小的束斑直径。常用的电子枪有三种：普通热阴极三极电子枪、六硼化镧阴极电子枪和场发射电子枪，其性能见表20-1。前两种属于热发射电子枪。后一种则属于冷发射电子枪，又称场发射电子枪。由表20-1可以看出，场发射电子枪的亮度最高、电子源直径最小，是高分辨本领扫描电镜的理想电子源，当然其价格也是相当昂贵的。从图20-3给出的电子枪构造示意图可以看到，热电子发射型电子枪和热阴极场发射电子枪（FEG）的区别在于：热电子发射型电子枪在紧靠灯丝的下面有一个韦氏极（见图20-3a），在韦氏极上加一个比灯丝更负的电压，这个电压称为偏压（bias voltage），这个偏压控制了电子束流和它的扩展状态；而对于热阴极场发射电子枪（FCG），不采用韦氏极，而是用吸出极和静电透镜（见图20-3b）。

表20-1　电子源性能比较

发射器类型	热电子发射	热电子发射	冷场发射	肖特基场发射
阴极材料	钨	六硼化镧	钨（310）	氧化锆/钨（100）
工作温度/K	2800	1900	300	1800
阴极寿命/h	200	>500	>2000	>2000
阴极半径/nm	60000	10000	≤100	≤1000
有效半径/nm	15000	5000	2.5	15
发射电流密度/A·cm^{-2}	3	30	17000	5300
总发射电流/μA	200	80	5	200
正常亮度/A·(cm^2·sr·kV)$^{-1}$	1×10^4	1×10^5	2×10^7	1×10^7
最大探针电流/nA	1000	1000	5	200
枪口能量扩展度/eV	1.5~2.5	1.3~2.5	0.3~0.7	0.35~0.7
束流噪声/%	1	1	5~10	1
发射电流漂移/%·h^{-1}	0.1	0.2	5	<0.5
工作真空/Pa	≤1×10^{-3}	≤1×10^{-4}	≤1×10^{-8}	≤1×10^{-6}
对外界影响敏感度	最小	最小	高	低
阴极除气	无要求	无要求	每6~8小时	无要求

2）电磁聚光镜。其功能是把电子枪发射的电子束束斑逐级聚焦缩小，因为照射到样品上的电子束光斑越小，其分辨率就越高。扫描电镜通常都有三个聚光镜，前两个是强透镜，缩小束斑，第三个透镜是弱透镜，焦距长，便于在样品室和聚光镜之间装入各种信号探测器。为了降低电子束的发散程度，每级聚光镜都装有光阑。为了消除像散，装有消像散器。

3）扫描线圈。其作用是使电子束偏转。并在样品表面做有规则的扫动，电子束在样品上的扫描动作和在显像管上的扫描动作保持严格同步，因为它们是由同一扫描发生器控制的。图20-4所示为电子束在样品表面进行扫描的两种方式。进行形貌分析时都采用光栅扫描方式，如图20-4a所示。当电子束进入偏转线圈时，方向发生转折，随后又由下偏转线圈使它的方向发生第二次转折。发生二次偏转的电子束通过末级透镜的光心射到样品表面。在电子束偏转的同时还带有一

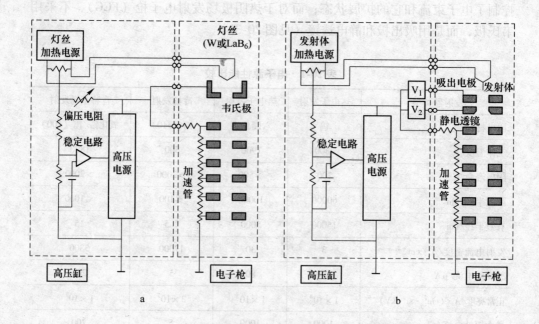

图 20-3 电子枪构造示意图

a—热电子发射型电子枪的框图；b—热阴极场发射电子枪的框图

个逐行扫描动作，电子束在上、下偏转线圈的作用下。在样品表面扫描出方形区域，相应地在样品上也画出一幅比例图像。样品上各点受到电子束轰击时发出的信号可由信号探测器接收，并通过显示系统在显像管荧光屏上按强度描绘出来。如果电子束经上偏转线圈转折后未经下偏转线圈改变方向，而直接由末级透镜折射到入射点位置，这种扫描方式称为角光栅扫描或摇摆扫描，如图 20-4b 所示。入射束被上偏转线圈转折的角度越大，则电子束在入射点上摆动的角度也越大。

扫描电镜是通过改变电子束偏转角度来实现放大倍率的调节。因为观察用的荧光屏尺寸是一定的，所以电子束偏转角越小，在试样上扫描面积越小，其放大倍率 M 越大，即

$$M = \frac{A_e (\text{CRT 上扫描振幅})}{A_0 (\text{电子束在样品表面扫描振幅})}$$

放大倍率一般是 $20 \sim 20 \times 10^4$ 倍。

（2）机械系统。这个系统主要包括支撑部分和样品室。

样品室中有样品台和信号探测器，样品台除了能夹持一定尺寸的样品，还能使样品做平移、倾斜、转动等运动，同时样品还可在样品台上加热、冷却和进行力学性能实验（如拉伸和疲劳实验）。

（3）真空系统。为保证扫描电子显微镜电子光学系统的正常工作，对镜筒

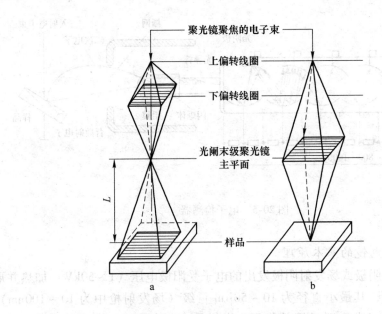

图 20-4　电子束在样品表面的扫描方式
a—光栅扫描方式；b—角光栅扫描方式

内的真空度有一定的要求。一般情况下，如果真空系统能提供 $1.33 \times 10^{-2} \sim 1.33 \times 10^{-3}$ Pa（$10^{-4} \sim 10^{-5}$ mmHg）的真空度时，就可以防止样品的污染。如果真空度不足，除样品被严重污染外，还会出现灯丝寿命下降、极间放电等问题。

（4）信号的收集、处理和显示系统。样品在入射电子束作用下会产生各种物理信号，有二次电子、背散射电子、特征 X 射线、阴极荧光和透射电子等。不同的物理信号要用不同类型的检测系统，它大致可分为三大类，即电子检测器、阴极荧光检测器和 X 射线检测器。下面介绍二次电子的信号检测与放大系统。

常用的检测系统为闪烁计数器，它位于样品上侧。由闪烁体、光导管和光电倍增器所组成，如图 20-5 所示。闪烁体一端加工成半球形，另一端与光导管相接，并在半球形的接收端上喷镀几十纳米厚的铝膜作为反光层，既可阻挡杂散光的干扰，又可作为高压电极加 $6 \sim 10$ kV 正高压，吸引和加速进入栅网的电子。另外，在检测器前端栅网上加 $250 \sim 500$ V 正偏压。吸引二次电子，增大检测有效立体角。这些二次电子不断撞击闪烁体，产生可见光信号，光信号沿光导管先到光电倍增器进行放大，输出电信号可达 10 mA 左右，再经视频放大器稍加放大后作为调制信号，最后转换为在阴极射线管荧光屏上显示的样品表面形貌扫描图像，供观察和照相记录。通常荧光屏有两个，一个供观察用，一个供照相用；或者一个供高倍观察用，一个供低倍观察用。

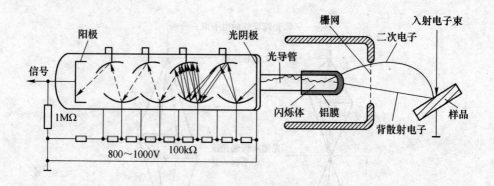

图 20-5　电子检测器

（二）扫描电镜的基本原理

电子枪的热阴极或场发射阴极发出的电子受阳极电压（1 ~ 50kV）加热并形成笔尖状电子束，其最小直径为 10 ~ 50μm 量级（场发射枪中为 10 ~ 100nm）。经过 2 个或 3 个（电）磁透镜的作用，在样品表面会聚成一个直径可小至 1 ~ 10nm 的细束，也称电子探针，携带束流量为 10^{-9} ~ 10^{-11}nm。有时根据某些工作模式的要求，束流可增至 10^{-2} ~ 10^{-8}nm，相应的束直径将变成 0.1 ~ 1μm。在末透镜上部的扫描线圈作用下，细电子束在样品表面做光栅状扫描，即从左上方向右上方扫，扫完一行再扫其下相邻的第二行，直到扫完一幅（或帧），如此反复运动。

处于饱和的灯丝发射出的电子束通过阳极进入电磁聚光镜系统。通过三级聚光镜及光阑照射到试样上，只有在电子束与电子光路系统中心合轴时，才能获得最大亮度。调整电子束对中（合轴）的方法有机械式和电磁式。机械式是调整合轴螺钉；电磁式则是调整电磁对中线圈的电流，以此移动电子束相对光路中心位置达到合轴目的。反复调整，通常以在荧光屏上得到最亮的图像为止。

三、实验设备及材料

扫描电子显微镜。

四、实验方法及步骤

（1）放入试样。将试样固定在试样盘上，并进行导电处理，使试样处于导电状态。将试样盘装入样品更换室，预抽 3min。然后将样品更换室阀门打开，将试样盘放在样品台上。在抽出试样盘的拉杆后关闭隔离阀。

（2）图像调整。

1）高压选择。扫描电镜的分辨率随加速电压增大而提高，但其衬度随电压增大反而降低，并且加速电压过高污染严重，所以一般在20kV下进行初步观察，而后根据不同的目的选择不同的电压值。

2）聚光镜电流的选择。聚光镜电流与成像质量有很大关系，聚光镜电流越大，放大倍数越高。同时，聚光镜电流越大，电子束斑越小，相应的分辨率也会越高。

3）光阑选择。光阑孔一般是400μm、300μm、200μm、100μm四档，光阑孔径越小，景深越大，分辨率也越高，但电子束流会减小。一般在二次电子像观察中选用300μm或200μm的光阑。

4）聚焦与像散校正。在观察样品时要保证聚焦准确才能获得清晰的图像。聚焦分粗调和细调两步。由于扫描电镜景深大、焦距长，所以一般采用高于观察倍数2档或3档进行聚焦，然后再回过来进行观察和照相，即所谓"高倍聚焦，低倍观察"。

像散主要是由电磁聚光镜不对称造成的，尤其是当极靴孔变为椭圆时造成的，此外镜筒中光阑的污染和不导电材料的存在也会引起像散。出现像散时在荧光屏上产生的像会漂移，其漂移方向在过焦及欠焦时相差90°。像散校正主要是调整消像散器，使其电子束轴对称直至图像不漂移为止。

5）亮度与对比度的选择。要得到一幅清晰的图像必须选择适当亮度与对比度。二次电子像的对比度受试样表面形貌凹凸不平而引起二次电子发射数量不同的影响。通过调节光电倍增管的高压来控制光电倍增管的输出信号的强弱，从而调节荧光屏上图像的反差。亮度的调节是调节前置放大器的直流电压，使荧光屏上图像亮度发生变化。反差与亮度的选择则是当试样凹凸严重时，衬度可选择小一些，以达明亮对比清楚，使暗区的细节也能观察清楚。也可以选择适当的倾斜角，以达最佳的反差。

五、实验报告要求

（1）简要说明电子显微分析的基本原理及扫描电镜各部分的作用。

（2）根据你的了解，举例说明不同种类扫描电镜的异同。

实验 21　透射电镜的结构、成相原理及使用方法

一、实验目的

（1）了解透射电子显微镜的基本构造。

（2）理解透射电子显微镜的成像原理。

（3）掌握透射电子显微镜的操作过程。

二、实验原理

（一）透射电子显微镜的构成

透射电子显微镜是以波长极短的电子束作为照明源，用电磁透镜聚焦成像的一种具有高分辨本领和高放大倍数的电子光学仪器。它由电子光学系统、电源和控制系统、真空系统三部分组成。

（1）电子光学系统。电子光学系统是透射电子显微镜的最基本组成部分，是用于提供照明、成像、显像和记录的装置。整个镜筒自上而下顺序排列着电子枪、双聚光镜、样品室、物镜、中间镜、投影镜、观察室、荧光屏及照相室等。通常又把电子光学系统分为照明部分、成像部分和观察记录部分。图 21-1 是 JEM-2010 型透射电子显微镜外观照片，图 21-2 是透射电子显微镜的镜筒剖面示意图。

图 21-1　JEM-2010 型透射电子显微镜

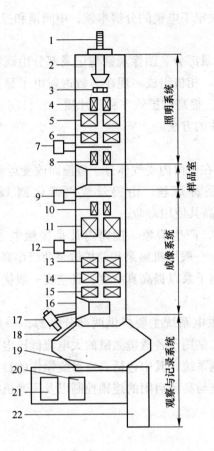

图21-2　透射电子显微镜的镜筒剖面示意图

1—高压电缆；2—电子枪；3—阳极；4—束流偏转线圈；5—第一束聚光镜；6—第二束聚光镜；
7—聚光镜光阑；8—电磁偏转线圈；9—物镜光阑；10—物镜消像散线圈；11—物镜；
12—选区光阑；13—第一中间镜；14—第二中间镜；15—第三中间镜；
16—高分辨衍射室；17—光学显微镜；18—观察窗；19—荧光屏；
20—发片盒；21—收片盒；22—照相室

1）照明部分。照明部分由电子枪、聚光镜和电子束的平移对中及倾斜调节装置组成。它的作用是为成像系统提供一束亮度高、相干性好的照明光源。为满足暗场成像的需要，照明电子束可在2°~3°范围内倾斜。

电子枪：它由阴极、栅极和阳极构成。在真空中通电加热后使从阴极发射的电子被阳极加速，获得较高的动能形成定向高速电子流。

聚光镜：其作用是会聚从电子枪发射出来的电子束，控制照明孔径角、电流密度和光斑尺寸。

2）成像放大部分。成像放大部分一般由样品室、物镜、中间镜和投影镜组成。物镜的分辨本领决定了电镜的分辨本领，中间镜和投影镜的作用是将来自物镜的图像进一步放大。

3）图像观察与记录部分。图像观察与记录部分由观察室和照相室以及 CCD （charge-coupled device）相机组成。现在多数透射电子显微镜都在照相室下方安装了慢扫描 CCD 相机，提高拍摄效率和照片质量。目前一般使用 CCD 采集图像的方法来代替拍摄底片的方法。

（2）真空系统。

1）防止成像电子在镜筒内受气体分子碰撞而改变运动轨迹，影响成像质量。

2）减缓阴极（俗称灯丝，由钨丝或六硼化镧 LaB_6 制作，直径 $0.1 \sim 0.15mm$）的氧化，提高其使用寿命；

3）减少样品污染，产生假象。镜筒内凡是接触电子束的部分（包括照相室）均需保持高真空，一般用机械泵和油扩散泵两级串联才能得到保证。高性能的透射电镜增加 1 个离子泵以提高真空度，真空度一般优于 $1.33 \times 10^{-2} \sim 1.33 \times 10^{-5}Pa$。

（3）供电系统。供电系统主要提供两部分电源，一是用于电子枪加速电子的小电流高压电源；二是用于各透镜激磁的大电流低压电源。目前先进的透射电镜大多已采用自动控制系统，其中包括真空系统操作的自动控制、从低真空到高真空的自动转换、真空与高压启闭的连锁控制以及用微机控制参数选择和镜筒合轴对中等。

（二）成像原理

电子枪发射的电子在阳极加速电压的作用下，高速地穿过阳极孔，被聚光镜会聚成很细的电子束照明样品。因为电子束穿透能力有限，所以要求样品做得很薄，观察区域的厚度在 200nm 左右。由于样品微区的厚度、平均原子序数、晶体结构或位向有差别，使电子束透过样品时发生部分散射，其散射结果使通过物镜光阑孔的电子束强度产生差别，经过物镜聚焦放大在其像平面上，形成第一幅反映样品微观特征的电子像。然后再经中间镜和投影镜两级放大，投射到荧光屏上对荧光屏感光，即把透射电子的强度转换为人眼直接可见的光强度分布，或由照相底片感光记录，或用 CCD 相机拍照，从而得到一幅具有一定衬度的高放大倍数的图像。

图 21-3 为透射电子显微镜成像时四种典型工作模式光路图。中间镜像平面和投影镜的物平面之间的距离可近似认为固定不变（即中间镜的像距 L_2 固定不变），若要荧光屏上得到一张清晰的放大像，必须使中间镜的物平面正好和物镜的像平面重合，即通过改变中间镜的激磁电流使其焦距变化，与此同时，中间镜的物距 L_1 也随之改变，这种操作称为图像聚焦。如果把中间镜的物平面和物镜

的后焦面位置重合时，在荧光屏上得到的是一幅电子衍射花样，这就是所谓电镜中的电子衍射操作。

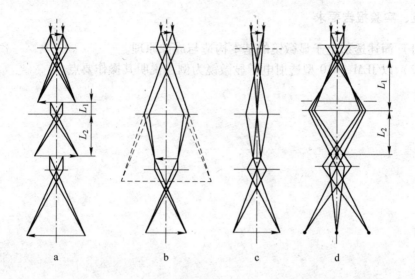

图 21-3　透射电子显微镜成像时四种典型工作模式光路图
a—高倍放大；b—低倍放大；c—极低倍放大；d—电子衍射

（三）JEM-2010TEM 操作步骤

（1）加高压。

（2）装样品。

（3）加电流。

（4）明场观察。

（5）衍射操作。

（6）拍照。

（7）CCD 相机使用。

（8）结束工作顺序。放大倍数调至 5 万倍→抽出物镜光阑和选区光阑→确认电子束在屏中心→样品回零→关闭电流→降电压至 120kV→关闭显示器。

三、实验设备及材料

（1）JEM-2010 型透射电子显微镜。

（2）透射电子显微镜样品（金属薄膜样品、粉末样品等）。

四、实验方法与步骤

（1）熟悉透射电子显微镜的结构与成像原理。

（2）了解各个按钮的作用。

（3）完成一个 TEM 样品从装样到拍照的操作过程。

五、实验报告要求

（1）简述透射电子显微镜的基本构造与成像原理。

（2）以 JEM-2010 型透射电子显微镜为例，说明其操作要点。

实验 22 透射电镜样品制备及组织观察

一、实验目的

（1）掌握薄膜样品、粉末样品的制备方法。

（2）学会观察分析各种样品的典型组织形貌。

二、实验原理

在透射电镜（TEM）中，电子束要穿透样品成像。由于电子束的穿透能力比较低，因此用于 TEM 分析的样品厚度要非常薄，电子束穿透固体样品的厚度主要取决于电子枪的加速电压和样品原子序数。一般来说，加速电压越高，样品原子序数越低，电子束可穿透的样品厚度就越大。对于加速电压 100 ~ 200kV 的透射电镜，可穿透样品的厚度为 100 ~ 200nm。如果要观察高分辨晶格像，样品还要更薄，一般应低于 10nm。

TEM 样品可分为薄膜样品、粉末样品和复型样品。下面介绍薄膜样品和粉末样品的制备方法。

（一）薄膜样品的制备方法

制备薄膜样品的流程是：切片→机械研磨→冲样→预减薄→最终减薄。

（1）切片。将样品切成薄片，厚度一般应为 0.5mm，磨去氧化层和加工层。对于导电材料，用线切割方法进行切割。线切割又称电火花切割，被切割样品作阳极，金属丝作阴极，两极间保持一个微小距离，利用其间电火花放电，引起样品局部熔化进行切割。对于陶瓷、半导体、玻璃等材料，用线锯或金刚石慢速锯切割。

（2）机械研磨。机械研磨可以将上述线切割下来的薄块用 502 胶粘在一块平行度较好的金属块上，用手把平，在抛光机的水磨砂纸上注水研磨，砂纸粒度要细，用力要轻而均匀，在金相砂纸上来回研磨。如果研磨之后无凹坑处理，厚度要小于 30μm，如果要凹坑处理，厚度在 60 ~ 80μm。

（3）冲样。样品研磨后，用专用工具冲成 φ3mm 的圆片。圆片打孔机用于快速切割金属、合金及所有延展性好的材料，超声波切割机用于切割半导体、陶瓷等脆性样品，切割厚度为 40μm ~ 5mm。

（4）凹坑。凹坑过程是最终减薄前的预减薄。用凹坑仪在研磨后的试样中央部位磨出一个凹坑，凹坑深度为 50 ~ 70μm，适用于陶瓷、半导体、金属及复合材料样品。凹坑目的是缩短离子减薄的时间，以提高最终减薄效率。

（5）电解双喷减薄。电解双喷减薄是最终减薄，减薄后可直接上电镜观察。

只适用于导电的材料如金属材料，使用仪器前应确定需减薄的样品已经过机械研磨或凹坑，厚度要小于30μm。此方法速度快，没有机械损伤。Tenupol-5型电解双喷减薄仪如图22-1所示。

图22-1　Tenupol-5型电解双喷减薄仪

　　电解双喷减薄仪的工作原理是金属样品与阳极相连，电解液与阴极相连，电解液通过耐酸泵加压循环。电解液喷管对准试样的中心，两个喷嘴同时减薄样品两面，在合适的电压、电流作用下，样品中心逐渐减薄，直至穿孔。在样品穿孔的瞬间，红外检测系统会迅速反应自动终止减薄，确保有较大的薄区，在几分钟时间内制备出高质量的透射电镜样品。抛光孔的边缘为透射电镜观察的区域。图22-2为电解双喷减薄原理示意图，图22-3为减薄后的样品剖面示意图。

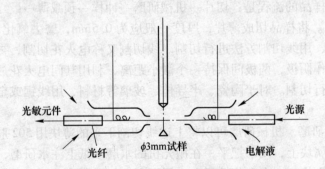

图22-2　电解双喷减薄原理示意图

Tenupol-5型电解双喷减薄仪操作步骤：

1）根据样品材料配制电解液1000mL左右。

2）打开仪器电源开关，进入工作界面，选择电压值、光值。

3）样品放入样品夹中，样品夹插入双喷装置中，注意方向。

4）按电源控制部分的power键，电解双喷开始，出孔后自动停止。

5）样品穿孔后，取出夹具，在盛有无水乙醇的烧杯中摆动，再取出样品在

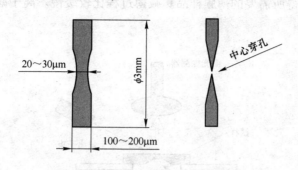

图 22-3　减薄后的样品剖面示意图

盛有无水乙醇的培养皿中清洗两遍，放在滤纸上，干燥后包好待用。如果当天不能用电镜观察，要把样品置于干燥皿中保存。

试样电解双喷后表面应明亮，中心穿孔。如果试样灰暗，要增加电压；如果出现筛子孔，要降低电压；如果边缘变黑或边缘穿孔要降低电压。

（6）离子减薄。离子减薄也是最终减薄，适用于陶瓷、半导体、多层膜截面材料以及金属材料，还可以修复电解双喷减薄不理想的样品。使用仪器前应确定需减薄的样品已经过机械研磨或凹坑，厚度要小于 30μm。Gatan 691 型离子减薄仪如图 22-4 所示。

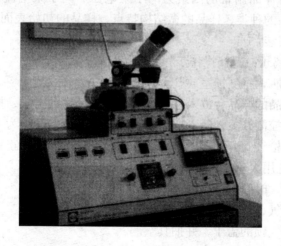

图 22-4　Gatan 691 型离子减薄仪

离子减薄仪的工作原理：在高真空条件下，离子枪提供高能量的氩离子流，对样品表面以某一入射角度连续轰击，当氩离子流的轰击能量大于样品表层原子结合能时，样品表面原子发生溅射。连续不断的溅射，使样品中心逐渐减薄，直至穿孔，最后获得所需要的薄膜样品。减薄过程比较缓慢。离子减薄原理示意图如图 22-5 所示。

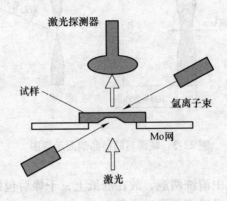

图 22-5　离子减薄原理示意图

　　离子减薄的优点是样品质量好、使用范围广，缺点是时间长。时间与样品材质、样品起始厚度、减薄工艺参数有关，需要几个小时、十几个小时甚至更长。如果长时间进行离子减薄，离子辐照损伤可能使试样表面非晶化，所以选择合适的减薄条件（电压和角度）和控制试样温度是比较重要的。

　　影响离子减薄样品制备的因素为离子束电压、离子束电流、离子束的入射角、真空度、样品的种类、样品的微结构特点、样品的初始表面条件、样品的初始厚度、样品的安装。

　　Gatan 691 型离子减薄仪操作步骤：

1）打开氩气瓶，将气锁室放气。

2）将装好样品的样品台放入基座中，盖上气锁室的盖子，抽气。

3）按下气锁控制开关，降下样品台。设定离子枪电压约为 4.5kV。

4）打开左右枪气阀开关，调整左右枪的角度，两支枪一正一负，双面减薄。在减薄过程中，先用大角度，逐渐改用小角度。

5）设定速度、时间后开始减薄工作。

6）气锁室放气，取出样品盒。

7）重新盖好气锁的盖子，并抽真空。

8）关闭氩气瓶。

（二）粉末样品的制备方法

（1）粉末样品基本要求：

1）单颗粉末尺寸小于 200nm、大于 200nm 的颗粒需经研磨粉碎；

2）无磁性；

3）以无机成分为主，否则会造成电镜严重的污染，高压跳掉。

（2）粉末样品的制备：

1）取适量的粉末和乙醇放入小烧杯中，超声振荡 10min 左右，制成悬浊液；

2）把微栅网膜面朝上放在滤纸上；

3）滴 2~3 滴悬浊液到微栅网上；

4）干燥后即可观察。

三、实验设备及材料

（1）透射电镜等。

（2）电解双喷减薄仪。

（3）离子减薄仪。

（4）凹坑仪。

（5）超声波振荡器、镊子、烧杯、电解液、滤纸、无水乙醇、微栅等。

四、实验方法及步骤

（1）每人制备一个透射电镜样品。

（2）利用透射电镜观察分析自己制备的透射电镜样品。

五、实验报告要求

（1）简述 TEM 样品的制备过程。

（2）以你所制备样品为例，总结制备 TEM 样品的操作技巧和存在的问题。

（3）分析所观察到的典型组织形貌特征。

实验23　选区电子衍射与衍射花样标定

一、实验目的

（1）加深对选区电子衍射原理的理解。

（2）学会简单电子衍射花样的标定。

二、实验原理

（一）选区电子衍射的原理

简单地说，选区电子衍射借助设置在物镜像平面的选区光阑，可以对产生衍射的样品区域进行选择，并对选区范围的大小加以限制，从而实现形貌观察和电子衍射的微观对应。选区电子衍射的基本原理如图23-1所示。选区光阑用于挡住光阑孔以外的电子束，只允许光阑孔以内视场所对应的样品微区的成像电子束通过，使得在荧光屏上观察到的电子衍射花样仅来自选区范围内晶体的贡献。

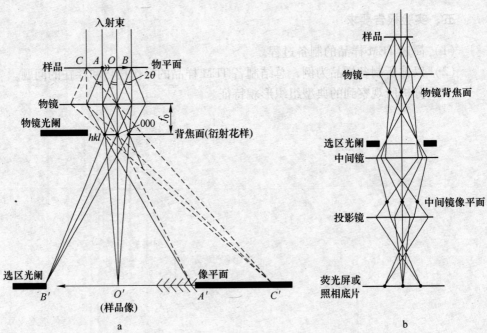

图 23-1　透射电子显微镜中衍射花样的形成方式

a—第一幅衍射花样的形成和选区电子衍射原理；b—三透镜衍射方式原理图

实际上，选区形貌观察和电子衍射花样不能完全对应，也就是说选区衍射存在一定误差，选区以外样品晶体对衍射花样也有贡献。选区范围不宜太小，否则将带来太大的误差。对于100kV的透射电镜，最小的选区衍射范围约为0.5μm；加速电压为1000kV时，最小的选区范围可达0.1μm。

（二）选区电子衍射的操作

（1）插入选区光阑，调节中间镜电流使荧光屏上显示该光阑边缘的清晰像，此时意味着中间镜物平面和选区光阑重合；

（2）插入物镜光阑，精确调节物镜电流，使所观察的样品形貌在荧光屏上清晰显示，此时意味着物镜像平面与中间镜物平面重合，也就是与选区光阑重合；

（3）移去物镜光阑，降低中间镜电流，使中间镜的物平面上升到物镜的背焦面处，使荧光屏显示清晰的衍射花样（中心斑点成为最细小、最圆整），此时获得的衍射花样仅仅是选区光阑内的晶体所产生的。

三、实验设备及材料

透射电子显微镜。

四、实验方法及步骤

对低碳合金钢薄膜样品基体选区电子衍射花样（如图23-2所示）进行标定。

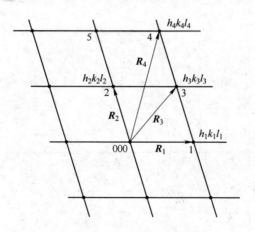

图23-2　单晶花样指数化方法

具体步骤如下：

（1）选择靠近中心斑点而且不在一条直线上的几个斑点 A（$h_1k_1l_1$）、B

$(h_2k_2l_2)$、C$(h_3k_3l_3)$、D$(h_4k_4l_4)$的 R 值和夹角；

（2）求 R^2 比值，找出最接近的整数比，由此确定各斑点所属的衍射晶面族；

（3）尝试斑点 A$(h_1k_1l_1)$ 和 B$(h_2k_2l_2)$ 的指数。

（4）按矢量运算求出 C$(h_3k_3l_3)$ 和 D$(h_4k_4l_4)$ 的指数。

（5）对所求出指数的 N 值 $(N=h^2+k^2+l^2)$ 和夹角 φ 进行校核。

（6）根据矢量运算，求出其余倒易阵点指数。利用下面两个性质有助于指数标定：

1）通过倒易原点直线上并位于其两侧等距的两个倒易阵点，其指数相同，符号相反。

2）由倒易原点出发，在同一直线方向上与倒易原点的距离为整数倍的两个倒易阵点，其指数也相差同样的整数倍。

（7）依据晶带定律求晶带轴 $[uvw]$。

五、实验报告要求

（1）画图说明电子衍射花样的形成原理。

（2）对低碳合金钢薄膜样品基体选区电子衍射花样进行标定。

（3）比较电子衍射和 X 射线衍射的相似性和差异性。

实验 24　钢中非金属夹杂物和组织缺陷分析

一、实验目的

（1）了解钢中常见的几种非金属夹杂物的特征及金相检验方法。
（2）识别钢中常见的组织缺陷及特征。
（3）了解钢在热处理中产生组织缺陷的原因及防止方法。

二、实验原理

（一）非金属夹杂物

非金属夹杂物是指金属材料中含有的一类具有非金属特性的组成物。它们在钢铁的熔炼、凝固过程中产生，并在随后的热、冷加工过程中经历一系列变化，对钢铁的性能产生多方面的影响。

夹杂物对钢铁力学性能和工艺性能的主要影响是降低材料的范性、韧性和疲劳极限，造成材料性能上的方向性，使冷热加工性能变坏，使零件或工具（如轧辊）的表面光洁度降低。夹杂物可以使材料的抗腐蚀性能降低，对磁性材料的矫顽力也有明显影响等。夹杂物对材料性能的影响可以是间接的，例如，高度弥散的夹杂物影响晶界迁移。在热加工和热处理过程中可利用这个影响，使我们有可能得到细晶粒的金属材料，使材料在加工过程中能出现二次再结晶。非金属夹杂物对相变也产生不容忽视的影响。关于非金属夹杂物的有利影响可举出诸如利用夹杂物 MnS 的作用生产取向硅钢片，利用硫化物改善钢的切削加工性等。

1. 非金属夹杂物的分类

根据非金属夹杂物（以下简称夹杂物）的来源，通常把夹杂物分为外来夹杂物和内生夹杂物两大类。外来夹杂物是金属在熔炼过程中与外界物质接触发生作用产生的夹杂物。如炉料表面的砂土和炉衬等与金属液作用，形成熔渣而滞留在金属中，其中也包括加入的熔剂。这类夹杂物一般的特征是外形不规则，尺寸比较大。内生夹杂物是金属在熔炼过程中，各种物理化学反应形成的夹杂物。内生夹杂物一般来说分布比较均匀，颗粒也比较小。

钢中非金属夹杂物按化学成分可以分为氧化物系夹杂、硫化物系夹杂和氮化物夹杂 3 大类。

（1）氧化物系夹杂。简单氧化物有 FeO、Fe_2O_3、MnO、SiO_2、Al_2O_3、MgO、Cu_2O 等。在铸钢中，当用硅铁或铝进行脱氧时，SiO_2 和 Al_2O_3 夹杂比较常见，

Al_2O_3 在钢中常常以球形聚集呈葡萄状。在铝、镁合金中，夹杂主要是 Al_2O_3 和 MgO。复杂氧化物，包括尖晶石类夹杂物和各种钙的铝酸盐等，钙的铝酸盐夹杂如图 24-1 所示。硅酸盐夹杂也属于复杂氧化物夹杂，这类夹杂物有 $2FeO \cdot SiO_2$（铁硅酸盐）、$2MnO \cdot SiO_2$（锰硅酸盐）、$CaO \cdot SiO_2$（钙硅酸盐）等。这类夹杂物在钢的凝固过程中，由于冷却速度较快，某些液态的硅酸盐来不及结晶，其全部或部分以玻璃态的形式保存于钢中，如图 24-2 所示。

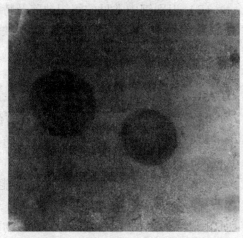

图 24-1　钙的铝酸盐夹杂　　　　　　　　图 24-2　硅酸盐夹杂

（2）硫化物系夹杂。主要是在钢及铁中产生的 FeS、MnS；此外，根据情况不同，可能出现 CaS、TiS、稀土硫化物等。根据钢液的成分特别是钢液的脱氧程度，所形成的硫化物在铸态情况下具有不同形态：Ⅰ类是复合形式出现的硫化物（氧硫化物），Ⅱ类是借共晶反应形成的硫化物，Ⅲ类是具有几何外形、任意分布的硫化物，如图 24-3 所示。

（3）氮化物夹杂。当钢中加入与氮亲和力较大的元素时形成 AlN、TiN、ZrN、VN 等氮化物。在出钢、浇铸过程中钢流与空气接触，空气中的氮在钢中溶解使氮化物的数量显著增加，如图 24-4 所示。

2. 非金属夹杂物的鉴定方法

根据夹杂物形态、化学组成和晶体结构对夹杂物进行鉴定，据以判断其来源和形成规律；并结合对尺寸、数量和分布的判定，找出夹杂物对金属材料各种性能的影响规律；在此基础上发展各种有效的排除方法包括冶金过程中的脱氧、脱硫和各种减少气体、夹杂的冶炼方法，发展含夹杂物少的洁净熔炼工艺等。

（1）金相法。借助于金相显微镜，通过考察夹杂物的形态、色泽，测定其

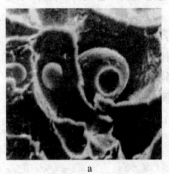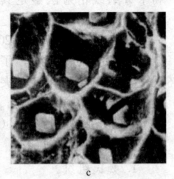

a　　　　　　　b　　　　　　　c

图 24-3　钢中硫化物的三种形态
a—Ⅰ类硫化物；b—Ⅱ类硫化物；c—Ⅲ类硫化物

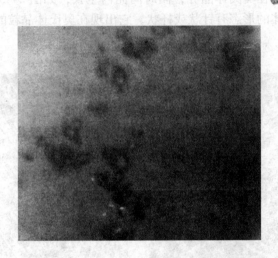

图 24-4　氮化物夹杂

光学性质，能判别已知其特点的夹杂物。可以利用偏振光来测定夹杂物是属于光学上的各向同性，还是各向异性，借以判明夹杂物的晶体结构是属于立方晶系、非立方晶系还是玻璃态。金相法设备简单，使用方便，特别适合生产中的质量控制，但一般只能用于已知夹杂物。

（2）化学分离法。可利用化学或电化学方法将夹杂物由金属基体中分离出来进行各种鉴定，被分离出来的夹杂物粉末可在透射偏光显微镜下观察透明夹杂物的光学特征，测定其折射系数。这就是岩相法（也可用磨成光学薄片的钢样品）。对于不透明夹杂物，则可用岩相化学法定性测定化学成分；或利用粉末 X 射线衍射法鉴定其结构，用化学称量法确定总量和电化学分析确定组成。

（3）电子光学方法。20 世纪 60 年代后，电子光学仪器的发展大大简化了夹杂物的鉴定步骤，也丰富了它的内容。利用电子探针和扫描电子显微镜可以直接观察金相试样和断口上的夹杂物形貌并原位测定其成分。对单颗夹杂物的结构鉴定，电子衍射有独到之处。尤其是 20 世纪 70 年代出现的高压电子显微镜能对厚度更大的夹杂物进行分析（见金属和合金的微观分析）。

（二）钢中组织缺陷

1. 魏氏组织

将钢加热到过热以后，奥氏体晶粒比较粗大，冷却速度又比较适宜，先共析相有可能呈针状（片状）形态与片状珠光体混合存在，称为魏氏组织。亚共析钢中魏氏组织的铁素体的形态有片状、羽毛状或三角形，粗大铁素体呈平行或三角形分布。它出现在奥氏体晶界，同时向晶内生长，如图 24-5 所示。过共析钢中魏氏组织渗碳体的形态有针状或杆状，它出现在奥氏体晶粒的内部，如图 24-6 所示。

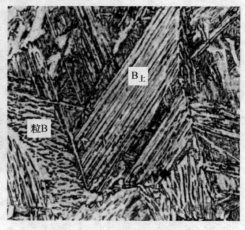

图 24-5　亚共析钢魏氏组织　　　　　图 24-6　过共析钢魏氏组织

魏氏组织不仅晶粒粗大，而且由于大量铁素体针片形成的脆弱面，使钢的塑性、韧性急剧下降，这是不易淬火钢焊接接头变脆的一个主要原因。钢中的魏氏组织一般可通过细化晶粒的正火、退火以及锻造等方法加以消除，程度严重的可采用二次正火方法加以消除。

2. 带状组织

带状组织是钢中两种组织组分呈条带状沿热加工变形方向大致平行交替排列

的组织。例如钢材中的铁素体带、珠光体带、渗碳体带等。

带状组织是钢材内部缺陷之一，出现在热加工低碳结构钢显微组织中，沿加工变形方向平行排列、呈层状分布、形同条带的铁素体晶粒与珠光体晶粒。这是由于钢材在热轧后的冷却过程中发生相变时铁素体优先在由枝晶偏析和非金属夹杂延伸而成的条带中形成，导致铁素体形成条带，铁素体条带之间为珠光体，两者相间呈层状分布。带状组织的存在使钢的组织不均匀，并影响钢材性能，形成各向异性，降低钢的塑性、冲击韧性和断面收缩率，造成冷弯不合、冲压废品率高、热处理时钢材容易变形等不良后果。

3. 氧化与脱碳

氧化与脱碳是钢在热处理过程中可能产生的缺陷。钢在热处理过程中表面与炉膛空气中的氧发生氧化反应生成氧化物的现象称为氧化。钢在热处理过程中表面的碳获得一定能量后脱离表层进入炉膛气氛中，使表面碳含量下降的现象称为脱碳，脱碳的过程就是钢中碳在高温下与氢或氧发生作用生成甲烷或一氧化碳。

脱碳是扩散作用的结果，脱碳时一方面是氧向钢内扩散，另一方面钢中的碳向外扩散。从最后的结果看，脱碳层只在脱碳速度超过氧化速度时才能形成。当氧化速度很快时，可以不发生明显的脱碳现象，即脱碳层产生后铁即被氧化而成氧化铁皮。因此，在氧化作用相对较弱的气氛中，可以形成较深的脱碳层。

三、实验设备及材料

（1）金相显微镜。

（2）标准试样两套。

四、实验方法及步骤

（1）领取魏氏组织、夹杂物的标准金相试样。

（2）在金相显微镜下仔细观察每个试样的组织特征。

（3）将所观察到组织缺陷形貌，用铅笔绘出，并标明组织名称、放大倍数及所用浸蚀剂。

（4）讨论所绘制的组织缺陷形成的原因及防止和消除方法。

（5）交回标准试样，整理实验台。

五、实验报告要求

（1）在下图中绘制所观察到的组织缺陷示意图，标明材料的名称、显微组织、放大倍数及浸蚀剂等。

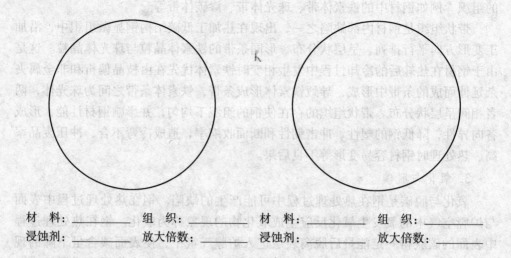

材料：＿＿＿＿＿　　组　织：＿＿＿＿＿　　材　料：＿＿＿＿＿　　组　织：＿＿＿＿＿

浸蚀剂：＿＿＿＿＿　　放大倍数：＿＿＿＿＿　　浸蚀剂：＿＿＿＿＿　　放大倍数：＿＿＿＿＿

（2）试述非金属夹杂物的形成原因以及分类。

（3）热处理中会出现哪些缺陷？试分析形成这些缺陷的原因和消除的方法。

第四部分　材料的液态成型模块实验

实验 25　铸造产品质量分析

一、实验目的

（1）了解 J1125G 型卧式冷室压铸机的结构及使用方法。

（2）学习铸造生产过程中的熔炼、浇铸的操作常识，以及炉料配制、熔炼工艺及其他工艺参数的选择。

（3）了解凝固条件对铸造产品质量的影响。

二、实验原理

（一）冷室压铸机的结构及组成

冷室压铸机的压室与保温炉是分开的，压铸时，从保温炉中取出液体金属浇入压室后进行压铸。

（1）立式压铸机压室的中心线是垂直的。压铸型与压室的相对位置及压铸过程如图 25-1 所示。

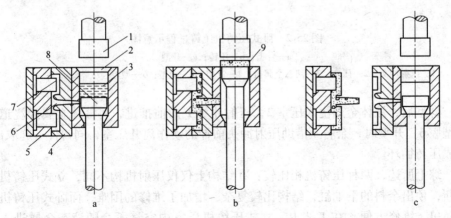

图 25-1　立式压铸机压铸过程示意图

a—合型；b—压铸；c—开型

1—压射冲头；2—压室；3—液态金属；4—定型；5—动型；

6—喷嘴；7—型腔；8—反料冲头；9—余料

合型后，浇入压室 2 中的液态金属 3，被已封住喷嘴 6 的反料冲头 8 托住，当压射冲头向下压到液态金属面时，反料冲头开始下降（下降高度由弹簧或分配阀控制），打开喷嘴 6，液体金属被压入型腔。凝固后，压射冲头退回，反料冲头上升，切断余料 9，并将其顶出压室，余料取走后再降到原位，然后开型取出铸件，完成一个压铸循环。

（2）卧式压铸机压室的中心线是水平的。压铸型与压室的相对位置及压铸过程如图 25-2 所示。

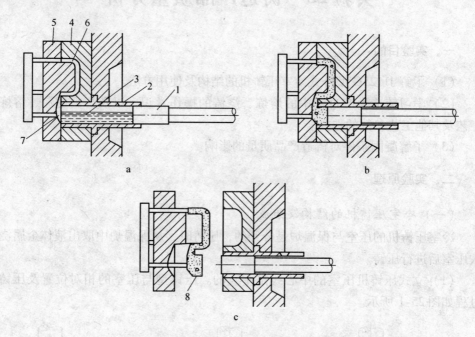

图 25-2　卧式压铸机压铸过程示意图

a—合型；b—压铸；c—开型

1—压射冲头；2—压室；3—液态金属衬；4—定型；5—动型；6—型腔；7—浇道；8—余料

合型后，液体金属浇入压室 2，压射冲头 1 向前推进，将液体金属经浇道压入型腔 6，开型时，余料 8 借助压射冲头前伸的动作离开压室，同铸件一起取出，完成压铸循环。

综上所述，两种压铸机相比较：在结构上仅仅压射机构不同，立式压铸机有切断，顶出余料的下油缸，结构比较复杂，增加了维修的困难，而卧式压铸机压室简单，维修方便。在工艺上，立式压铸机压室内空气不会随液态金属进入型腔，便于开设中心浇口，但由于浇口长，液体金属耗量大，充填过程能量损失也较大。对比之下，卧式压铸机液体金属进入型腔流程短，压力损失小，有利于传递最终压力，便于提高比压，故使用较广。立式和卧式压铸机均适于有色金属压铸。黑色金属压铸则宜采用卧式压铸机。

（二）压铸机的主要机构

压铸机主要由开合型机构、压射机构、动力系统和控制系统等组成。

（1）合型机构。开合型及锁型机构统称为合型机构，是带动压铸型的动型部分进行压铸型的开或合型的机构。推动动型合拢的力称为合型力。由于充填时的压力作用，合拢的压铸型仍有被胀开的可能，故合型机构有锁紧压铸型的作用，锁紧压铸型的力称为锁型力。一般锁型力等于或小于压铸机额定合型力的85%。开型力为锁型力的1/16～1/8，随机种而异。

（2）压射机构。压射机构是实现压铸工艺的关键部分，它的结构性能决定了压铸过程中的压射速度、增压时间等主要参数，对铸件的表面质量、轮廓尺寸、力学性能和致密性，都有直接影响。为了满足压铸基本工艺特性的需要，现代冷压室压铸机应满足如下要求：

1）增压时间要小于0.03s，以便压力能在铸件凝固前，及时地传至型腔内；增压时的冲击压力峰要尽可能小，防止压型被胀开，降低铸件的尺寸精度。

2）应具有三级或四级压射速度，以满足不同压射阶段的需要。在各压射阶段，压射速度均应能单独调整。

（三）压铸型的主要结构

压铸型是压铸时的主要工艺装备，压铸型的基本结构主要由定型和动型两大部分组成，其总体结构如图25-3所示。定型固定在机器的定型板上，由浇道将

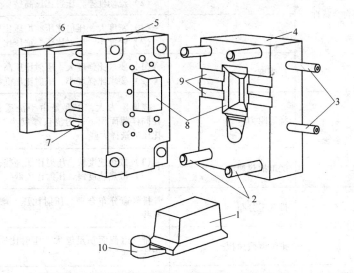

图25-3　压铸型总体结构示意图

1—铸件；2—导柱；3—冷却水管；4—定型；5—动型；6—顶杆板；

7—顶杆；8—型腔；9—排气管；10—浇铸系统

机器压室与型腔连通。动型随机器的动型座板移动完成开合动作。完整的压铸型由下列部分组成，即型体部分、型腔、定位装置、抽芯机构、顶出铸件机构、浇铸系统、排气和冷却系统等。

（四）压铸工艺

1. 压铸压力的确定

压铸压力在压铸工艺中是主要的参数之一，压铸压力可以用压射压力和压射比压两种形式来表示。采用压射比压时，压射比压的选择应根据不同合金和铸件结构确定。选择比压要考虑的主要因素见表 25-1。

表 25-1　选择比压要考虑的主要因素

序号	因　素	选择条件	说　　明
1	压铸件结构特性	壁厚	（1）薄壁件，选用高的比压； （2）厚壁件，增压比压高些
		铸件几何形状复杂程度	（1）形状复杂件，选择高的比压； （2）形状简单件，增压比压低些
		工艺合理性	工艺合理性好，比压低些
2	压铸合金特性	结晶温度范围	（1）结晶温度范围大，选择高比压； （2）结晶温度范围小，增压比压低些
		流动性	（1）流动性好，选择较低比压； （2）流动性差，压射比压高些
		密度	（1）密度大，压射比压、增压比压均应大； （2）密度小，压射比压、增压比压均应小些
		比强度	（1）要求比强度大，压射比压高些； （2）要求比强度小，压射比压低些
3	浇铸系统	浇道阻力	浇道阻力大，主要是由于浇道长、转向多，在同样截面积下，内浇口厚度小产生的，增压比压应选择大些
		浇道散热速度	（1）散热速度快，压射比压高些； （2）散热速度慢，压射比压低些
4	排溢系统	排气道分布	排气道分布合理、压射比压、增压比压均选高些
		排气道截面积	排气道截面积足够大，压射比压、增压比压均选高些
5	内浇口速度	要求内浇口速度高	压射比压选大些
6	温度	合金与压铸模温差大小	（1）温差大，压射比压高些； （2）温差小，压射比压低些

2. 压射速度

压室内压射冲头推动熔融金属液的移动速度，称为压射速度或压射冲头速度。

在压射中，压射速度分为低速压射速度和高速压射速度两个阶段。

（1）低速压射速度。一般低速压射速度根据浇铸到压室内的金属量的多少而定，见表 25-2。

表 25-2　低速压射速度的选择

浇铸金属液量占压室容积的百分数/%	压射速度/cm·s^{-1}
≤30	30~40
30~60	20~30
>60	10~20

（2）高速压射速度。压铸中，除压射速度外还有充填速度。充填速度是指液体金属在压力作用下，通过内浇口进入型腔的线速度。

速度和压力是密切相关的两个工艺参数，因此除有适当的比压外，还必须正确选择速度。充填速度不能偏高或偏低，过低会使铸件轮廓不清，甚至不能成型，过高则会引起铸件粘型和铸件内孔洞增多等问题。常用充填速度见表 25-3。

表 25-3　常用充填速度　　　　　　（m/s）

铸件特征	简单厚壁铸件	一般壁厚铸件	薄壁复杂铸件
锌合金	10~15	15	15~20
铝合金	10~15	15~25	25~30
镁合金	20~25	25~35	35~40
铜合金	10~15	15	15~20

3. 时间参数

（1）充填时间。自液体金属开始进入型腔到充满为止所需要的时间称为充填时间。充填时间与压铸件轮廓尺寸、壁厚和形状复杂程度以及液体金属和压铸型的温度等因素有关。形状简单的厚壁铸件以及浇铸温度与压铸型的温度差较小时，充填时间可以长些；反之，则充填时间应短些。

充填时间主要通过控制压射比压、压射速度或内浇道尺寸来实现，一般为 0.01~0.2s。

（2）持压时间。从液体金属充满型腔建立最终静压力瞬时起，在这压力持续作用下至铸件凝固完毕这段时间称为持压时间。在这期间内应建立自铸件至内浇道及涂料的顺序凝固条件，使压力能传递至正在凝固的金属，以获得组织致密的铸件。这一点在工艺设计时就应予以考虑。

持压时间与合金的特性及铸件的壁厚有关。对熔点高、结晶温度范围宽的合金，应有足够的时间，若同时又是厚壁铸件，则持压时间还可再长些。持压时间不够，容易造成缩松。有时当内浇道处的金属尚未完全凝固，由于压射冲头退回，未凝固的金属被抽出，常在靠近内浇道处出现孔穴。对结晶温度范围窄的合金，铸件壁又薄，持压时间可短些。常用持压时间见表25-4。

表 25-4　常用持压时间　　　　　　　　　　　　　　（s）

压 铸 合 金	铸件壁厚 < 2.5mm	铸件壁厚 2.5 ~ 6mm
锌合金	1 ~ 2	3 ~ 7
铝合金	1 ~ 2	3 ~ 8
镁合金	1 ~ 2	3 ~ 8
铜合金	2 ~ 3	5 ~ 10

（3）留模时间。铸件在压铸型中留模时间从持压终了至开型取出铸件所需要的时间称为留模时间，留模时间的长短实际上就是铸件出型时温度的高低。因此，若留模时间太短，铸件出型时温度较高，强度低，自型内顶出铸件时可能发生变形，铸件中气体膨胀使其表面出现鼓泡，但若留模时间过长，铸件出型时温度低，收缩大，抽芯及顶出铸件的阻力增大，热脆性合金铸件会发生开裂。

留模时间根据合金性质、铸件壁厚和结构特性确定。各种合金常用的留模时间见表25-5。

表 25-5　各种合金常用的留模时间　　　　　　　　（s）

压 铸 合 金	壁厚 < 3mm	壁厚 3 ~ 4mm	壁厚 > 5mm
锌合金	5 ~ 10	7 ~ 12	20 ~ 25
铝合金	7 ~ 12	10 ~ 15	25 ~ 30
镁合金	7 ~ 12	10 ~ 15	15 ~ 25
铜合金	8 ~ 15	15 ~ 20	20 ~ 30

4. 温度参数

（1）浇铸温度。浇铸温度通常用保温坩埚中液体金属的温度来表示。温度过高，凝固时收缩大，铸件容易产生裂纹、晶粒粗大及粘型；温度太低，则易产生浇不到、冷隔及表面流纹等缺陷。因此，合适的浇铸温度应当是在保证充满铸型的前提下，采用较低的温度为宜。在确定浇铸温度时，还应结合压射压力、压型的温度及充填速度等因素综合考虑。

实践证明，在压力较高的情况下，可以降低浇铸温度甚至是在合金呈黏稠"粥状"时进行压铸。但是，对含硅量高的铝合金则不宜使用"粥状"压铸，因为硅将大量析出，以游离状态存在于铸件中，使加工性能恶化。

此外，浇铸温度还与铸件的壁厚及复杂程度有关。各种压铸合金的浇铸温度见表25-6。

表25-6 各种压铸合金的浇铸温度 （℃）

铸件结构特征 合金		铸件壁厚 <3mm		铸件壁厚 >3mm	
		结构简单	结构复杂	结构简单	结构复杂
锌合金		420 ~ 440	430 ~ 450	410 ~ 430	420 ~ 440
铝合金	铝硅合金	610 ~ 650	640 ~ 700	590 ~ 630	610 ~ 650
	铝铜合金	620 ~ 650	640 ~ 720	600 ~ 640	620 ~ 650
	铝镁合金	640 ~ 680	660 ~ 700	620 ~ 660	640 ~ 680
镁合金		640 ~ 680	660 ~ 700	620 ~ 660	640 ~ 680
铜合金	普通黄铜	870 ~ 920	900 ~ 950	850 ~ 900	870 ~ 920
	硅黄铜	900 ~ 940	930 ~ 970	880 ~ 920	900 ~ 940

（2）压铸型温度。在生产前，压铸型要预热，在压铸过程中要保持一定温度。压铸型的预热及工作温度见表25-7。

预热的作用：

1）避免金属液在模具中激冷，以防铸件产生裂纹或表面光洁度下降及影响精度。

2）减少压铸模的疲劳应力，延长使用寿命。

模具滑动配合部分的热膨胀间隙，应在生产前预热时加以调整，不然金属液易穿入间隙影响生产。

表 25-7　压铸型的预热及工作温度　　　　　　（℃）

项　目		铸件壁厚≤3mm		铸件壁厚>3mm	
		结构简单	结构复杂	结构简单	结构复杂
锌合金	预热温度	130~180	150~200	110~140	20~150
	工作温度	80~200	190~220	140~170	150~200
铝合金	预热温度	150~180	200~230	120~150	150~180
	工作温度	180~240	250~280	150~180	180~200
铝镁合金	预热温度	170~190	220~240	150~170	170~190
	工作温度	200~220	260~280	180~200	200~240
镁合金	预热温度	150~180	200~230	120~150	150~180
	工作温度	180~240	250~280	150~280	180~220
铜合金	预热温度	200~230	230~250	170~200	200~230
	工作温度	300~325	325~350	250~300	300~350

三、实验设备及材料

（1）卧式冷室压铸机，中频或高频感应炉。

（2）熔炼坩埚，浇包。

（3）造型设备（包括砂箱、春砂锤）。

（4）热电偶，炉前检验试样。

四、实验方法及步骤

（1）仔细阅读卧式冷室压铸机的操作说明书，从理论上掌握卧式冷室压铸机的结构以及操作。

（2）观察卧式冷室压铸机的结构及模型的结构，记录卧式冷室压铸机的组成及模型的结构。

（3）根据铸件材料及铸件的模型设计压铸工艺（压射力、压射速度、各时间参数、温度参数等）进行开炉前的准备工作。

（4）准备熔炼工具及坩埚。钟罩、搅棒等与铝液接触的工具，均必须刷上涂料并烘干。

（5）清理坩埚残渣，将坩埚升温，连接热电偶测温系统，监控炉温。

（6）金属液达到浇铸温度后，用舀勺将液态金属浇入压室，按所设计的工艺参数进行压铸。

（7）对铸造出的产品进行质量分析。

五、实验报告要求

（1）写出压铸机的类型、型号，压铸机的结构和模型的结构。

（2）分析各个因素对铸造产品质量的影响（压射速度、时间参数、温度参数等因素）。

（3）分析用压铸机铸造的产品与普通铸造产品的质量相比有何优点。

实验26　成分、冷却条件变化铸铁凝固组织特性的影响

一、实验目的

（1）了解凝固组织形成的一般规律。

（2）了解铸铁凝固的凝固规律与控制技术。

（3）对不同成分、冷却条件变化铸铁凝固组织的相结构特征进行观察。

二、实验原理

成分、冷却条件变化对凝固组织特性的影响，其基本原理是通过控制合金铸铁的成分和冷却条件，相应改变铸铁凝固过程中热力学、动力学条件，从而改变铸铁的凝固组织组成和特性。实验首先通过配料，获得不同配比（碳量及铬量）的铸铁成分；通过感应炉熔炼进行高温铁水温度控制，浇入砂型和金属型中，通过观察铸铁不同条件下金相组织特点宏观洛氏硬度和碳的存在方式（石墨、$(FeCr)_3C$、$(FeCr)_7C_3$），获得不同条件下铸铁凝固组织形成和变化特征。成分、冷却条件变化对铸铁凝固组织特性的影响的实验工艺及应用介绍如下：

（1）工艺要点：将不同配比的铸铁料依据熔炼工艺进行熔化获得高温铁水（铁水温度为1450~1490℃），分别浇入（浇铸温度1390~1420℃）砂型和金属型中；对铸铁不同工艺条件下的金相组织进行观察分析，并对其宏观洛氏硬度进行测试。

（2）应用：主要用于不同工况条件下制造耐磨合金铸件。

（3）实验内容说明如下：

不同条件下的铸铁凝固组织结构和性能变化很大。通过结晶过程中碳的存在方式和生长方式转变，可以加强学生对凝固原理和技术这门专业基础课作用的理解。晶体生长就是液相中原子不断向晶体表面堆砌的过程，也是固-液界面不断向液相中推移的过程。为了对组织的生长过程有进一步的了解，需对凝固过程中的温度组织控制有深入的了解。

在实验观察前先对共晶合金凝固的原理进行思考，分析共晶合金凝固组织特征，如图26-1所示。白口铸铁的冷却条件为快速冷却，其组织为渗碳体和珠光体。麻口铸铁的冷却速度介于快冷和慢冷之间，其组织为渗碳体、珠光体和石墨。灰口铸铁的冷却条件为缓慢冷却，其组织为珠光体和石墨。冷却条件为缓慢

冷却的高铬铸铁，其组织为大颗粒的碳化物和珠光体，而快速冷却的高铬铸铁其组织为小颗粒的碳化物和珠光体。

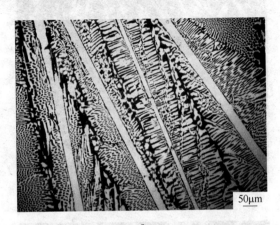

a

b

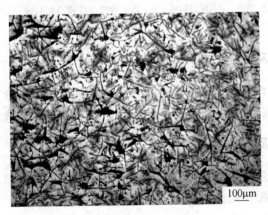

c

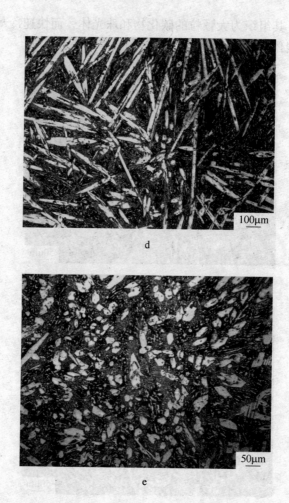

图 26-1   不同条件下的铸铁凝固组织

a—白口铸铁；b—麻口铸铁；c—灰口铸铁；d—高铬铸铁（缓慢冷却）；e—高铬铸铁（快速冷却）

三、实验设备及材料

（1）凝固实验设备：感应炉、铸型（金属型、砂铸）和浇铸造型工具。

（2）实验原料：生铁、石墨、高铬铸铁、废钢，石灰（冶金用）等。

四、实验方法及步骤

（1）教师给学生讲解铸铁在不同条件下的凝固组织特征。

（2）称量不同配比的铸铁料。

（3）造型。

（4）浇铸试样，按照实际情况，调整废钢、高铬合金等实验材料合金配比和冷却速度，最终得到不同的组织结构。

（5）观察组织，学生自己观察灰口铸铁中石墨形态、白口铸铁中碳化物尺寸形态等，并分析其成分、熔体处理、组织特征和性能之间的关系。

（6）测试性能。

（7）学生自己观察石墨、碳化物组织特征，并说明其组织结构和性能差异。

（8）撰写试验报告。

五、实验报告要求

（1）绘制出所观察到的各种组织示意图（注明成分及冷却条件）。

（2）分析讨论不同成分以及冷却条件对合金铸铁凝固组织和性能的影响规律。

（3）简述凝固过程热力学、动力学条件对材料凝固组织形式的影响。

实验 27　铸造合金流动性及充型能力的测定

一、实验目的

（1）熟悉合金流动性的概念，掌握铸造合金流动性的测定方法。

（2）了解浇铸温度对铸造合金流动性的影响。

（3）了解影响合金充型能力的因素。

二、实验原理

（一）合金的流动性

流动性是铸造合金最主要的铸造性能之一。合金的流动性对铸型的充填过程及排出其中的气体和杂质，以及补缩、防裂有很大影响。合金的流动性好，则充型能力强，气体和杂质易于上浮，使合金净化，有利于得到没有气孔和夹杂，并且形状完整、轮廓清晰的铸件。良好的流动性能使铸件在凝固期间产生的收缩得到合金液的补充，并可使铸件在凝固末期因收缩受阻而出现的热裂得到液态合金的弥合。

影响合金流动性的因素很多，其中化学成分的影响较为显著。结晶温度范围窄的纯金属和共晶成分的合金，在恒温下逐层进行凝固，凝固层内表面较光滑，对液体的流动阻力小，流动性好；非共晶成分合金是在一定温度范围内结晶（结晶温度范围宽），结晶方式为糊状凝固方式，已结晶的树枝晶对液态合金的流动阻力较大，流动性较差。结晶温度范围越大，则合金的流动性越差。此外，合金的流动性与合金的出炉温度、浇铸温度，铸型的种类、铸型结构复杂程度、浇铸系统设计等因素也有关系，为使合金的流动性具有可比性，实际中常浇铸流动性试样，并按浇出的试样尺寸评价流动性的好坏。

流动性测试是将液态合金浇入专门设计的流动性试样浇道（型腔）（如图 27-1所示）中，以其停止流动时获得的长度作为流动性指标。浇铸温度对液态合金流动性的影响很大，一般在流动性实验中将其作为主要的研究内容之一，实验将试样的结构和铸型性质固定不变，在不同的浇铸温度下，浇铸合金的流动性试样，如图27-2所示，以试样的长度或试样某处的厚薄程度表示该合金流动性的好坏。

（二）液态合金的充型能力

液态合金充满铸型型腔，获得形状完整、轮廓清晰的铸件的能力，称为液态合金的充型能力。若充型能力不足，将使铸件产生浇不足或冷隔等缺陷。影响合金充型能力的因素主要有以下几个方面。

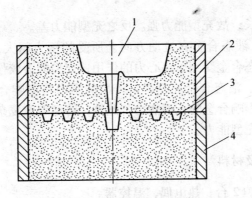

图27-1　流动性实验合箱示意图
1—浇口杯；2—上砂箱；3—螺旋试样；4—下砂箱

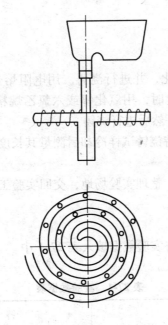

图27-2　流动性螺旋试样

（1）合金的流动性。液态合金本身的流动能力，称为合金的流动性，是合金主要铸造性能之一。合金的流动性越好，充型能力越强，越有利于浇出轮廓清晰、壁薄而复杂的铸件，同时也有利于夹杂物和气体的上浮与排除以及凝固过程的补缩。

（2）浇铸条件：

1）浇铸温度。浇铸温度越高，合金的黏度下降，且因过热度大，合金在铸型中保持流动时间长，故充型能力强。反之充型能力差。

（2）充型压力。液态合金在流动方向上所受的压力越大，则充型能力越好。在离心铸造时，液态合金受到了离心力的作用，充型能力较强。

（3）铸型条件。液态合金充型时，铸型的阻力将影响合金的流动速度，铸型的导热速度也会影响合金的充型能力。此外，铸型型腔复杂、导热速度快，均会降低液态合金的充型能力。

三、实验设备及材料

（1）电阻熔炼炉2台，热电偶，温控器。

（2）U形试样型板1套。

（3）铸造铝合金。

（4）钢尺，浇铸工具等。

四、实验方法及步骤

（1）配制浇道。

（2）将铸造铝合金熔化，并进行浇铸。用电阻熔炼炉熔化指定成分的铝合金。当铝液升温至完全熔化时，用氯化锌或六氯乙烷精炼，以去除气体和杂质，立即清除熔渣并静置片刻，然后进行浇铸。

（3）测量试样长度。待浇铸试样冷却后测量其长度，并记录实测数据。

（4）填写实验报告。

（5）关闭电阻熔炼炉，整理实验场地，交回实验工具。

五、实验报告要求

（1）实验数据记录。将实验数据填入表27-1中。

表 27-1　实验数据表

合　金　类　型	铸　造　铝　合　金	
浇铸温度/℃	700	850
U 形试样长度/mm		

（2）浇铸温度对合金流动性有何影响？试分析原因。

（3）合金流动性较差时，铸件易产生什么缺陷，为什么？

（4）简述合金流动性与充型能力的区别与联系。

实验28 铝合金的熔炼与组织观察

一、实验目的

（1）掌握铝合金的熔炼特点、炉料配制及熔炼工艺。
（2）了解精炼、变质处理的原理及工艺。
（3）了解变质处理对铝硅合金组织及性能的影响。
（4）了解实验设备的特点及操作方法。

二、实验原理

铝合金包括铝硅类、铝铜类和铝镁类合金。其中，铝硅类合金使用最多、最成熟。铝硅二元合金根据硅元素的质量分数不同可分为亚共晶（$w(Si) <$ 12.6%）、共晶（$w(Si) = 12.6\%$）和过共晶合金（$w(Si) > 12.6\%$）。特别是共晶成分的铝硅合金，具有良好的铸造性能，流动性、致密性好，收缩小，耐蚀性好，不易开裂。但此类合金若不进行变质处理，硅呈片状分布，由于它粗而脆，致使合金的强度及伸长率都很低，而通过变质处理后，其中大片状的硅消失，成为 α-Al 固溶体和细致的铝硅共晶组织。硬度、伸长率均大大提高，因此在生产中广泛应用。

为改变共晶硅或初晶硅的形态，铝合金可以用含 Na、Sr、Sb 的盐类或中间合金及稀土（RE）进行变质。变质机理一般观点认为，在铝硅合金凝固时加入以上元素，这些加入的元素或者吸附在共晶硅片上的固有台阶上，或者富集在共晶液凝固结晶前沿，阻碍共晶硅沿惯有方向生长成大片状，使得硅依靠孪晶侧向分枝反复调整生长方向，达到与 α-Al 固溶体协调生长，最终形成纤维状共晶硅。

三、实验设备及材料

（1）设备。坩埚电阻炉，如图 28-1 所示；热电偶温度控制仪；电热鼓风干燥箱；圆柱形金属模；石墨坩埚；坩埚钳；石墨搅拌棒；钟罩；砂轮机；金相试样组合式抛光机；金相显微镜；智能多元元素分析仪。

（2）材料。铝锭，铝硅中间合金，坩埚涂料（水玻璃涂料或氧化锆涂料），精炼剂（六氯乙烷或氯化锌），变质剂，金相砂纸，腐蚀剂。

四、实验方法及步骤

铝硅二元合金的代表是 ZL102，其成分为典型的共晶成分，即硅的质量分数

图 28-1　井式坩埚电阻炉

为 10% ~ 14%，其余为铝，金相组织为 α-Al 固溶体 + (α + β)共晶体。

（1）铝硅合金的熔化与精炼工艺。

1）将坩埚内壁清理干净后，放入电阻坩埚炉内，加热至 150℃ 左右在坩埚内壁涂刷涂料并烘干，同时将所用的工具如坩埚钳、搅拌棒及钟罩等刷涂料并烘干。

2）将称好的炉料（铝锭及铝硅中间合金）放入坩埚中加热熔化。

3）当温度升到 720 ~ 740℃ 时进行精炼，将事先烘烤过的氯化锌（0.2%）或者六氯乙烷包装好放入预热过的钟罩内，然后将钟罩放入合金液面以下，缓缓移动，反应完毕后，将钟罩取出。

4）精炼完后静置 2min，撇渣，在 740℃ 左右进行浇铸，浇铸一组试棒（变质处理前）。

（2）变质处理。

1）称量所得试棒的质量，算出坩埚中剩余合金的质量，然后计算变质剂质量。

2）变质剂可用钠盐，其成分（质量分数）为 62.5% NaCl、12.5% KCl 和 25% NaF，加入量一般为棒料质量的 2% ~ 3%。此变质剂易吸潮，用前应在 150 ~ 200℃ 下长期烘干。变质剂也可用 Al-Sr 或者 Al-Re 中间合金。

3）温度为 720 ~ 740℃ 时进行处理，先撇去液面的氧化渣，再将变质剂均匀撒在其表面，保持 12min 左右，然后用预热的搅拌棒搅拌 1min 左右，搅拌深度为 150 ~ 200mm，变质完后，将液面的渣扒净。

4）720～740℃时进行浇铸，浇一组试棒。

5）将剩余金属倒入铸锭模中。

6）坩埚内壁趁热清理干净。

7）在试棒上打上标记。

（3）对变质前后铸锭进行金相组织观察。

五、实验报告要求

（1）简述铝合金熔化及精炼过程。

（2）绘制所观察到的组织缺陷示意图，标明材料的名称、显微组织、放大倍数及浸蚀剂等。分析其与性能的关系。

（3）精炼温度过高或过低对合金有什么影响？

（4）铝合金熔炼时为何要用石墨坩埚而不用铁坩埚？

（5）熔炼时坩埚、熔化过程中用到的工具及浇铸模具为何要刷涂料？

实验 29　铸造镁合金热应力测定

一、实验目的

（1）掌握铸造热应力的形成机理及其在冷凝过程中的变化规律。

（2）掌握测定合金框架铸件在冷凝过程中热应力随温度而变化的动态曲线的方法。

（3）通过对铸造合金热应力及残留应力的测定，了解和证实铸件中内应力及热应力产生的原因和影响因素，掌握铸造合金在一定的工艺条件下产生热应力及残留应力大小的倾向性，从而采取相应的措施消除或减少残留应力，以防止铸件产生变形及冷裂。

二、实验原理

铸造中的铸造应力，主要是热应力，它是由于铸件各部分冷却速度不同而造成同一时刻收缩量的不同，彼此互相制约，结果产生了应力。应力的存在是铸造生产中普遍存在的一种客观现象，是引起铸件变形和冷裂的基本原因。

本实验是采用拉压荷重传感器作为一次元件，通过记录仪来测定应力框试样在冷却过程中粗、细杆的热应力-时间、温度-时间的动态曲线。实验采用三杆式应力框测量法。试样如图 29-1 所示，粗细杆各连一个测力传感器，就可以对杆内从形成应力到室温的拉应力或压应力的变化实现动态测试。液态合金浇铸后，它与试样和测杆铸接，通过弹性元件与固定端连在一起，构成一个封闭的应力

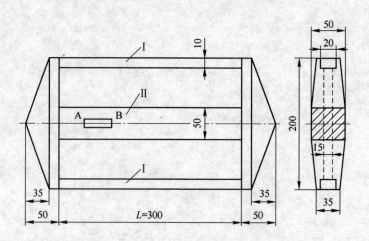

图 29-1　三杆式应力试样示意图

框。由于铸件是由中间的粗杆和两边的细杆组成，在冷凝过程中它们冷却速度不同，使铸件粗细杆的收缩不同，因而产生热应力。传感器的应力信号及热电偶的温度信号都送到记录仪，即可将试样内的应力-时间曲线和温度-时间曲线自动记录下来。在冷却过程的后期，粗杆比细杆冷却快，这样粗细两杆温度不同，冷却过程中的绝对线收缩也就不同。但粗细两杆受两端横梁的制约，不能自由进行线收缩，应力逐渐增大，因而在三杆中残留了应力：粗杆残留拉应力和细杆残留压应力。

三、实验设备及材料

（1）设备：铸造合金动态应力测定仪，台式平衡记录仪，坩埚电炉，温控器，镍铬-镍硅热电偶丝（$\phi 0.3 \sim 0.5mm$），浸入式热电偶（镍铬-镍硅），高温计，坩埚，坩埚钳。

（2）材料：黏土砂，纯铝，铸铝 102 或 201，精炼剂（氯化锌）。

四、实验方法及步骤

（1）造型（注意正确地安放热电偶丝），将造好型的砂箱安装在调好水平的应力测定仪上。分上下两箱，分型面要吻合，合箱后用石棉和型砂堵住型腔和伸入型腔的拉压力传感器之间的间隙，以防试样与传感器接合处"跑火"，上型扎出透气孔。

（2）接通各仪器的电源，预热 30min，将传感器的输出端及热电偶冷端导线分别接入记录仪的输入端，选择"量程"，可将记录温度的笔、记录应力的笔调到适当位置上，然后将各记录笔的零位分别调到需要的位置上（记录温度的笔可调到与室温相对应的毫伏数上），浇铸前将走纸速度旋钮调到 60mm/min 处。

（3）配料，熔化，测温，当达到预定温度时加 0.15% ~ 0.2%（质量分数）的氯化锌进行精炼、扒渣后，保温 2min 左右，然后进行浇铸，浇铸前必须接通冷却水。

（4）浇铸后观察仪表记录热应力的变化过程，注意当载荷接近传感器量程时，及时卸载，避免损坏仪器。

（5）待热应力、温度稳定后，切断电源，开箱清理。

五、实验报告要求

（1）根据记录曲线分析整理出粗、细杆的应力-时间、应力-温度及温度-时间曲线。

（2）分析粗、细杆在凝固及冷却过程中拉应力、压应力的变化过程及原因。

（3）分析影响试样热应力值大小的因素。

（4）说明铸造热应力产生的原因及其在铸件中的分布特点。

实验 30　金属材料焊接性实验

一、实验目的

（1）学会正确截取焊接接头试样，并进行金相分析。
（2）了解低碳钢焊缝区和热影响区各区段的组织特征。
（3）了解焊缝结晶与缺陷（气孔、偏析等）之间的关系。
（4）熟悉 MZ-1000 埋弧自动焊机的结构组成、电气原理以及操作方法。

二、实验原理

（一）碳钢焊接接头组织分析

熔化焊的实质就是利用能量高度集中的热源，将被焊金属和填充材料快速熔化，热后冷却结晶而形成牢固接头。由于熔化焊过程的这一特点，不仅焊缝区的金属组织与母材组织不一样，而且靠近焊缝区的母材组织也要发生变化。这部分靠近焊缝且组织发生了变化的金属称为热影响区。热影响区内，和焊缝距离不一样的金属由于在焊接过程中所达到的最高温度和冷却速度不一样，相当于经受了不同规范的热处理，因而最终组织也不一样。

以低碳钢为例，根据热影响区内各区段在焊接过程中所达到的最高温度范围，依次分为熔合区（固相线—液相线），过热区（1100℃—固相线），完全正火区（A_{c3}—1100℃），不完全正火区（A_{c1}—A_{c3}）。对易淬火钢而言，还会出现淬火组织。

焊接结构的服役能力和工作可靠性，既取决于焊缝区的组织和质量，也取决于热影响区的组织和宽窄。因此对焊接接头组织进行金相观察与分析已成为焊接生产与科研中用以评判焊接质量优劣，寻找焊接结构的失效原因的一种重要手段。本实验采用焊接生产中应用最多的低碳钢为母材，用手工电弧施焊，然后对焊接接头进行磨样观察。

焊接接头分析包括宏观分析和显微分析两个方面。一般情况下，宏观分析是用肉眼、放大镜或者低倍显微镜（小于 100 倍）进行观察，主要了解焊缝成型，结晶方向，宏观缺陷（气孔、夹杂、未焊透等），热影响区的形状、范围和偏析（枝晶偏析、层状偏析）。宏观分析可以确定显微组织分析的部位。显微组织分析借助于 100 倍以上的光学金相显微镜或电子显微镜进行观察，主要是焊接接头各区段的组织、分布特征，微观缺陷（显微裂纹、显微偏析等）和一些夹杂物的分布状态。焊接接头组织除了受焊接热循环影响以外，还与所选用的材料以及焊接条件有关。

（二）埋弧自动焊的原理及操作

埋弧自动焊是电弧在焊剂层下燃烧进行焊接的方法，简称埋弧焊。焊接时，焊剂漏斗在焊接区前方不断输送颗粒状焊剂于焊件的表面上，使焊接接头上面覆盖一层颗粒状焊剂，自动焊机机头将光焊丝自动送入电弧区并保证一定的弧长，电弧引燃以后，在焊剂层下燃烧，使焊丝、母材和部分焊剂熔化，形成熔渣和熔池并进行冶金反应。同时少量焊剂和金属蒸发形成蒸气，并具有一定的蒸气压力，在蒸气压力作用下形成一个封闭的熔渣泡，包围着电弧和熔池，使之与空气隔绝，对熔滴和熔池起到保护作用，同时也防止了金属的飞溅，减少了电弧热量的损失，阻止了弧光散射。随着自动焊机机头向前移动（或者自动焊机机头不动，工件匀速运动），焊丝、焊剂和母材不断熔化，熔池后面的金属不断冷却凝固形成连续焊缝，浮在熔池上部的熔渣冷凝成渣壳。其焊接过程如图 30-1 所示。

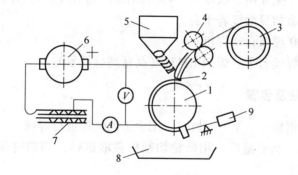

图 30-1　埋弧自动焊示意图

1—工件；2—焊丝导管；3—焊丝卷盘；4—送丝机构；5—焊剂斗；
6—电源；7—电感器；8—焊剂盘；9—除渣刀

埋弧自动焊的优点：

（1）生产率高（比焊条电弧焊提高 5～10 倍）。1）允许采取大电流（可高达 1000A 以上）焊接；2）焊剂和熔渣有隔热作用，热能利用率高，可以不开或少开坡口；3）省工、省料，焊丝利用率高；4）焊剂用量少，且便宜。

（2）焊接质量高且稳定，保护效果好，焊接规范可自动控制调整。

（3）劳动条件好，没弧光，没飞溅，劳动强度轻。

埋弧自动焊的缺点：

（1）主要适用于平焊，不适于焊空间位置焊缝。

（2）难以用来焊接 Al、Ti 等氧化性强的金属及合金，因焊剂成分主要为 MnO、SiO_2 等金属及非金属氧化物。

（3）只适合于长直焊缝和大直径（$\phi > 500\text{mm}$）环焊缝的焊接。

（4）不适合焊接厚度小于 1mm 的薄板，因其电流较大，电流小时，电弧稳定性不好。

（5）设备复杂，一次性投资较大，且对焊前准备工作要求较严格。

埋弧自动焊主要用于焊接各种钢结构。可焊接的钢种包括碳素结构钢、低合金结构钢、不锈钢、耐热钢及其复合钢材等，还可用于在基体金属表面堆焊耐磨、耐蚀合金。适用于大批量生产的中、厚板结构的长直缝与较大直径的环缝的平焊。

三、实验设备及材料

（1）施焊设备及器材（手弧焊机、结 422 焊条、面罩等）。

（2）低碳钢板 1 块，$12\text{mm} \times 200\text{mm} \times 400\text{mm}$。

（3）预磨机、抛光机、吹风机、4% 的硝酸酒精溶液、无水乙醇等。

（4）光学及金相显微镜若干台。

（5）MZ-1000 埋弧自动焊机。

（6）埋弧焊焊丝若干、焊剂 HJ431（高锰高硅低氟）。

四、实验方法及步骤

（1）将两块钢板开"V"形坡口，用手工电弧焊进行焊接。

（2）待钢板冷至室温后，用砂轮切割机截取试样，切割时须用水冷却，以防止组织发生变化。

（3）将截取下的焊缝接头制备成金相试样。注意磨制面应选择与焊缝走向垂直的横截面。

（4）在金相显微镜上观察制备好的焊接接头试样。先用低倍镜镜头（100倍）观察焊缝区及热影响区全貌，再用高倍镜镜头（400 倍）逐区进行观察，注意识别各区的金相组织特征，并画出草图。

（5）通过观察，了解埋弧自动焊机机械部分的组成，如送丝系统、行走小车、机头调整机构的位置与动作原理。

（6）熟悉埋弧自动焊机电气控制部分原理及作用。

（7）对焊机进行空载调试并进行埋弧焊接实验。

（8）清理并观察埋弧焊的焊缝形状、尺寸等。

五、实验报告要求

（1）绘制出所观察试样的宏观图形，包括焊缝成型、结晶方向、宏观缺陷（气孔、夹杂、未焊透）等，并与其相互关系简单加以说明。

（2）绘制低碳钢焊接接头区段的显微组织特征、组织分布、微观缺陷等。

（3）说明 MZ-1000 埋弧自动焊机的电流、电压、送丝速度、焊接速度的调整方法及原理。

实验 31 焊接金相试样制备及硬度测试实验

一、实验目的

（1）了解焊接金相试样的制备方法和制备过程。

（2）熟悉维氏硬度的测定原理、应用范围。

（3）掌握焊接接头硬度分布的测定方法，学会使用维氏硬度计。

二、实验原理

制备焊接接头金相试样的过程与一般金相制样大致相同，主要包括取样、预磨、抛光、浸蚀等几个步骤。同时，焊接接头金相试样的制备也有自己的一些特点。

首先，取样的位置和方向根据研究目的不同而不同，硬度测试的试样要垂直于焊缝方向截取试样，试样要包括完整的焊缝及热影响区和部分母材。其次，抛光的精度要求不同，对于硬度测试，试样的抛光要求不高，基本没有大的划痕即可；如果是观察焊缝金相微观组织，则抛光要求很高，必须完全没有划痕。最后，焊接金相试样的化学浸蚀剂种类很多，应按金属材料的种类和浸蚀目的，选择恰当的浸蚀剂。浸蚀时间以在显微镜下能清楚地分辨组织细节为准。由于焊接接头的组织很不均匀，浸蚀时间控制要求很高，如果腐蚀时间不足，可再次重复浸蚀，但浸蚀过度则需重新进行抛光后才能再次腐蚀。金相试样制备是进行焊接接头硬度分布测试以及显微组织观察的前提，是焊接工作者必须具备的基本技能。

硬度是材料力学性能和产品质量的重要指标之一，它与材料的很多其他性能之间有一定的关系。如在焊接接头中，某个区域的显微硬度反映了该部位的淬硬倾向和冷裂纹倾向。硬度越高，说明材料中淬硬组织越多，产生冷裂纹的可能性也越大。因此，在焊接性评估中经常采用热影响区最高硬度来相对地评价钢材冷裂倾向，国家标准 GB 4675.5—84 对焊接热影响区最高硬度试验方法给出了详细的规定。同时，硬度测试方法简便易行，所以在焊接接头性能评价中得到了广泛的应用。

硬度测试方法很多，GB 2654—89 指出适用于熔化焊、压力焊焊接接头和堆焊金属的有布氏硬度、洛氏硬度和维氏硬度。布氏硬度是以一定的载荷，把一定大小的淬硬钢球压入材料表面，保持一段时间，去除载荷后，负荷与其压痕面积之比值，即为布氏硬度值 HB。当 HB >450 或者试样过小时，不能采用布氏硬度试验而改用洛氏硬度计测量。它是用一个顶角 120° 的金刚石圆锥体或直径为

1.59mm、3.18mm 的钢球，在一定载荷下压入被测材料表面，由压痕的深度求出材料的硬度。根据试验材料硬度的不同，分 HRA、HRB 和 HRC 三种。HRA 硬度是采用 588N（60kg）载荷和钻石锥压入器求得的硬度，用于硬度极高的材料（如硬质合金等），HRB 硬度是采用 980N（100kg）载荷和直径 1.58mm 淬硬的钢球求得的硬度，用于硬度较低的材料（如退火钢、铸铁等），HRC 硬度是采用 1470N（150kg）的载荷和钻石锥压入器求得的硬度，用于硬度很高的材料（如淬火钢等）。维氏硬度计是以小于 1176N（120kg）的载荷和顶角为 136°的金刚石方形锥压入器压入材料表面，用材料压痕凹坑的表面积除以载荷值，即为维氏硬度值（HV）。实际操作中也可以根据对角线长度 d 与试验力的大小通过查表得到维氏硬度值，GB/T 4340.1—1999 规定维氏硬度压痕对角线长度范围为 0.020～1.400mm。

维氏硬度试验在常用硬度试验方法中的精度最高，同时实验结果的重复性也很好。本实验中，焊接接头试样的硬度测量采用维氏硬度计。维氏硬度表示为 HV，维氏硬度符号 HV 前面的数值为硬度值，后面为试验力值。标准的试验保持时间为 10～15s。如果选用的时间超出这一范围，在测试力值后面还要注明保持时间。例如，600HV30/20 表示采用 294N（30kg）的试验力，保持时间 20s 时得到的硬度值为 600。

三、实验设备及材料

（1）设备：预磨机、抛光机、金相显微镜、维氏硬度计。
（2）材料：焊材、金相砂纸、抛光布、抛光液、浸蚀剂（4% 硝酸酒精溶液）、无水乙醇、电吹风等。

四、实验方法及步骤

（一）金相试样的制备

1. 取样

在室温下采用机械加工方法垂直切割焊缝的中部，如图 31-1 所示，然后在此断面上取硬度的测量试样。切割时注意加强冷却，应防止焊接热影响区的硬度因断面温度的升高而降低。试样整体尺寸不要过大，以便于握持和容易磨制。

2. 预磨

试样截取后，将试样的磨面在砂轮上制成平面，一定要将机械切割时的变形层磨掉并将尖角倒圆。在砂轮上磨制时，压力不要过大，同时用水冷却，应防止试样过热引起组织变化。表面平整后，将样品及手用水冲洗干净。

依次在由粗到细各号砂纸上把磨面磨光。磨制时，将砂纸平铺于厚玻璃板上，一手按住砂纸，一手拿样品在砂纸上单向推磨，用力要均匀，使整个磨面都

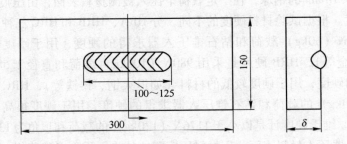

图 31-1　试板尺寸和取样位置

磨到。在调换下一号更细砂纸时，要把手、样品、玻璃板等清理干净，并与上道磨痕方向垂直磨制，磨到前道磨痕完全消失时才能更换砂纸。

　　为了加快磨制速度，除手工磨制外，也可将不同型号的砂纸贴在带有旋转圆盘的预磨机上，实现机械磨制。机械磨制必须采用水砂纸进行湿磨，以防止磨面过热。

　　3. 抛光

　　根据国家标准规定，小负荷维氏硬度测试要求试样表面粗糙度最大值不能超过 $0.2\mu m$，因此要求对试样表面进行粗抛光，具体操作为：将细帆布铺在抛光机的抛光盘上，将磨面均匀地压在旋转的抛光盘上，并沿抛光盘的边缘到中心不断做径向往复运动，同时试样自身略做转动，抛光时在旋转的抛光布上不断滴注抛光液。抛光后的试样磨面光亮，不允许有大的划痕。抛光后的试样应该用清水冲洗干净，然后用无水乙醇冲去残留水滴、脱脂，再用吹风机吹干。

　　4. 浸蚀

　　采用 4% 硝酸酒精溶液对接头试样的抛光面进行浸蚀约 10s，以在显微镜下能清晰观察到焊缝、熔合线、热影响区、原始母材的各分区组织为准。

　　(二) 硬度测试

　　1. 打点位置选择

　　采用维氏硬度法进行硬度测量。测定硬度位置如图 31-2 所示，画一条横穿母材、热影响区、熔合线和焊缝的直线。以熔合线为界，热影响区每隔 0.5mm 作为硬度的测定点，两侧热影响区各测量 7 个以上的点。焊缝区取点间隔可大些，但一般不少于 5 个点。

　　2. 硬度计操作步骤

　　(1) 将 1 号试样稳固地放在硬度计工作台上，工作台应清洁且无氧化皮、油脂等污物，保证试验中试样不产生位移。

　　(2) 使压头与试样表面接触，垂直于试验面施加试验力，试验力选择 98N

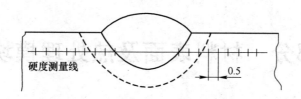

图 31-2　硬度测试打点位置示意图

（10kg）。加力过程中不应有冲击和振动，直至将试验力施加至规定值。从加力开始到全部试验力施加完毕的时间应在 2 ~ 10s 之间，压头下降速度应不大于0.2mm/s。

（3）试验力保持时间为 10 ~ 15s，然后卸除试验力，测量试样表面压痕对角线长度。

（4）移动试样，测试下一点的硬度，依此类推，完成全部点上的硬度测试。

（5）根据每个测试点的对角线长度，查表获得各点的维氏硬度值。

（6）按照 1 号试样的测量方法，对 2 号接头试样进行硬度分布测试。

（7）记录数据。

五、实验报告要求

（1）根据测得硬度值，在接头示意图上绘制出硬度分布曲线。

（2）焊接接头不同区域硬度分布的基本规律是怎样的？简要分析其原因。

（3）简要论述布氏硬度、洛氏硬度以及维氏硬度的测量原理及其应用范围。

（4）铝合金焊接接头和不锈钢焊接接头的硬度应分别采用哪种硬度测量方法进行测量，为什么？

第五部分　材料表面及热处理模块实验

实验 32　不锈钢电解抛光实验

一、实验目的

（1）掌握不锈钢电解抛光的基本原理。

（2）初步学会利用 EP-06 型电解抛光腐蚀仪进行抛光的操作方法。

（3）了解不锈钢电解抛光过程中的影响因素。

二、实验原理

电解抛光是一种常用的电解加工方法。它是利用在电解过程中，金属表面上凸出部分的溶解速率大于凹入部分这一特点，对微观粗糙的金属材料表面进行处理，以使其光亮并且平整的加工工艺。表面平滑、光亮的金属材料不仅美观，而且具有较强的防腐蚀性能。与一般的光亮浸蚀和机械抛光相比，电解抛光具有速度快、质量好、抛光液使用寿命长、不受工件形状影响等优点。

在电解抛光过程中，靠近阳极工件表面的电解液，在工件上随着表面的凸凹高低不平形成了一层薄厚不均匀的黏性薄膜。由于电解液的搅拌流动，在靠近工件表面凸起的地方，扩散流动得快，因而形成的膜较薄；而靠近试样表面凹陷的地方，扩散流动得较慢，因而形成的膜较厚。工件之所以能够抛光与这层厚薄不均匀的薄膜密切相关，薄膜的电阻很大，所以膜很薄的地方，电流密度很大，膜很厚的地方，电流密度很小。试样表面上各处的电流密度相差很多，凸起顶峰的地方电流密度最大，金属迅速地溶解于电解液中，而凹陷部分溶解较慢。

对钢铁、铝、铜等多种金属材料的电解抛光，一般均采用以磷酸为主要成分的抛光液，铅、不锈钢等耐电解液腐蚀的金属为阴极。本实验以不锈钢抛光为例，被抛光的不锈钢工件作为阳极，不锈钢板作为阴极，在含 H_3PO_4、H_2SO_4、CrO_3 分别为 65%、10%、15% 的电解液中进行电解抛光。两极同时浸入到电解槽中，通以直流电而产生有选择性的阳极溶解（实验装置及原理如图 32-1 所示）。

在抛光的电解液中，磷酸是应用最广的一种成分。因为磷酸能跟金属或其氧

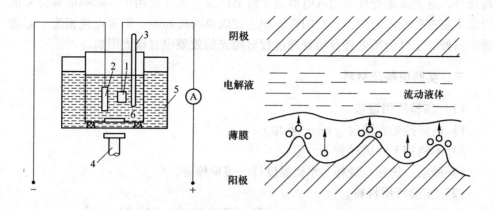

图 32-1 电解抛光实验装置及原理图

1—阳极；2—阴极；3—温度计；4—搅拌器；5—冷却水；6—电解液

化物反应生成各种磷酸盐，使抛光溶液成为导电性较低的黏性胶状液体，这种胶状液体附着于工件的表面，形成液膜，这对于工件的电解抛光整平具有很大的作用。

硫酸主要用于提高溶液的导电性和降低槽电压，以节省电能。硫酸的含量一般控制在 15% 以下，否则会使金属溶解过快，得不到光滑平整的表面。

铬酸酐在酸性抛光液中的作用是做强氧化剂，产物 Cr^{3+} 可生成磷酸二氢铬，增加抛光液的溶度，有利于钢铁工件的抛光整平。当抛光过程发生断电时，铬酸酐能钝化工件表面，使工件免受腐蚀。

不锈钢电解抛光过程中的主要电极反应式有：

阳极 $\qquad\qquad Fe - 2e^- \longrightarrow Fe^{2+}$

阴极 $\qquad\qquad Cr_2O_7^{2-} + 14H^+ + 6e^- \longrightarrow 2Cr^{3+} + 7H_2O$

$\qquad\qquad\qquad 2H^+ + 2e^- \longrightarrow H_2\uparrow$

通常认为，在阳极附近还会发生以下两种反应：

Fe^{2+} 的氧化 $\qquad 6Fe^{2+} + Cr_2O_7^{2-} + 14H^+ \longrightarrow 6Fe^{3+} + 2Cr^{3+} + 7H_2O$

盐的生成 $\qquad\qquad 2Fe^{2+} + 3HPO_4^{2-} \longrightarrow Fe_2(HPO_4)_3$

$\qquad\qquad\qquad 2Fe^{3+} + 3SO_4^{2-} \longrightarrow Fe_2(SO_4)_3$

当阳极附近 $Fe_2(HPO_4)_3$、$Fe_2(SO_4)_3$ 等盐类的浓度增加到一定程度时，会在阳极表面形成一层黏性薄膜，阻碍 Fe^{2+} 的扩散，使阳极发生极化，阳极发生反应的实际电势升高，即阳极的溶解速率减小。同时，由于在微观粗糙的工件表面上黏性薄膜的分布是不均匀的，凸起部分的膜较薄，其极化电势较小，铁的溶解反应速率也较凹入部分大，于是粗糙的阳极表面逐渐被整平。

电解抛光具有机械抛光所不具备的优点，但也有缺点，如在工件表面容易出现斑点，这主要是处理不当或电解液受污染所致。实际应用中，影响电解抛光的因素主要有抛光液的配比、阴阳极面积之比以及两极间距、阳极电流密度、温度等。另外，工件的预处理及后处理过程对抛光的效果也有很大影响。

三、实验设备及材料

（1）实验所用设备。

1）电解抛光腐蚀仪（EP—06型）。

2）不锈钢工件试样若干。

3）砂纸、洗瓶、烧杯、水银温度计、玻璃棒等。

（2）实验所用材料。

1）酸：浓硫酸 H_2SO_4（1.84g/cm^3）、磷酸 H_3PO_4（1.685g/cm^3）。

2）其他：铬酸酐 CrO_3。

3）电化学除油液：NaOH 30g/dm^3、Na_2CO_3 30g/dm^3、$Na_2PO_4 \cdot 10H_2O$ 30g/dm^3、$Na_2SiO_3 \cdot 9H_2O$ 4g/dm^3。

4）后处理浸泡液：3%的 Na_2CO_3 溶液。

说明：

1）配制抛光液时，应先将 CrO_3 溶于适量去离子水中，再将 H_3PO_4、H_2SO_4 依次加入，然后加去离子水至所需体积。

2）鉴于 Cr（Ⅵ）、Cr（Ⅲ）的毒性，抛光实验的废液应集中处理。

四、实验方法及步骤

（1）预处理。用棕刚玉砂纸打磨不锈钢片正反两面，将表面毛刺和氧化皮除去，再改用 W2801#金相砂纸继续打磨至轻度划痕消去，冲洗干净；然后放入经预加热、温度为70℃左右的除油液中进行电化学除油。

（2）电解抛光。按图32-1连接好各仪器，将经预处理的不锈钢工件作阳极，不锈钢板作阴极，置于电解抛光液中，阳极电流密度为 10～11A/dm^2，时间为 2～8min。

（3）后处理。将抛光好的钢片用去离子水冲洗干净，放入3% Na_2CO_3 溶液浸泡5min，然后再冲洗、擦干，交实验指导老师评定质量等级。

（4）测评抛光质量。有条件的情况下可采用电动轮廓仪检测表面粗糙度，一般可由教师直接根据表面光洁程度评出等级。

五、实验报告要求

（1）将电解抛光好的不锈钢片交由老师评定等级。

（2）能否用盐酸或硝酸作为钢铁电解抛光液的主要成分？为什么？

（3）电解抛光之前为什么要对工件进行预处理？预处理对工件的电解抛光质量有何影响？

（4）为什么电解抛光处理可以提高金属材料的防腐蚀性能？

实验 33　箱式电阻炉结构与操作

一、实验目的

（1）掌握箱式电阻炉的分类及技术参数。
（2）了解箱式电阻炉各个部位的结构和特点。
（3）掌握箱式电阻炉的设计方法和操作方法及工作原理。

二、实验原理

箱式电阻炉主要用于各工矿企业、科研单位、高等院校等实验室作化学分析、加热、热处理、物理测定和一般小型钢件热处理时加热之用，是各类实验室中不可缺少的仪器设备。按其工作温度，可分为高温（>1000℃）、中温（650～1000℃）以及低温（≤650℃）三类，其中以中温箱式电阻炉应用最广。所有电阻炉均配有温度控制器，利用测温用的热电偶指示调节、自动控制电阻炉温度。温控仪分为指针式和数字式两种，规格有900℃、1000℃、1200℃、1300℃，最高可达1600℃。

箱式电阻炉采用薄钢板经折边焊拉制成，内炉衬为碳化硅耐火材料制成的矩形整体炉衬。由铁铬铝合金丝绕制成螺旋状的加热元件穿于内炉衬上、下、左、右的丝槽中。炉内为密封式结构，电阻炉的炉门砖采用轻质耐火材料，内炉衬与炉壳之间用耐火纤维、膨胀珍珠岩制品砌筑为保温层。外形采用冷轧板加工制作，表面静电喷塑，光亮平整。

小型箱式电阻炉由于需保持工作面的一定高度，一般均做成带支架的，在箱型壳体下边，有支持炉体的腿或支架。中小型箱式电阻炉的炉门可用配重及手动装置来开闭，下部一般均有砂封槽，有些炉门上边也设有砂封槽，以保证良好的密封性，炉门关闭时，用压紧装置使炉门紧密地与门框接触，减少漏气。

中型箱式电阻炉因本身质量大及加入炉内的工件质量也大，所以一般均直接在底盘上焊接炉体及砌砖。大型箱式电阻炉可以在特定的专用的地基上设计成无钢性底盘的结构，而就地焊接砌砖，但这种电炉在安装后不能吊运及移动。大型箱式电阻炉可以用电动或气动、液压开闭炉门，电加热元件一般可以在炉膛内左右侧墙上及底面上布置，为了得到良好的热场，最好在炉顶上也布置电加热元件，因为炉内工件一般堆放高度不会超过宽度，所以上下两个方面加热比左右两个方面加热更为有效。

大型及中型箱式电阻炉可以在炉门上及后墙上适当地布置一些电加热元件，以减少炉内的温差，为了保证炉门口的热损失能得到更好的平衡，可以在较大的箱式电阻炉上靠炉门口的炉膛长度 1/3 处作为一个控制区。通保护气体的炉子应设有保证安全运行的必要装置及具有良好的密封性。

箱式炉的结构如图 33-1 和图 33-2 所示。

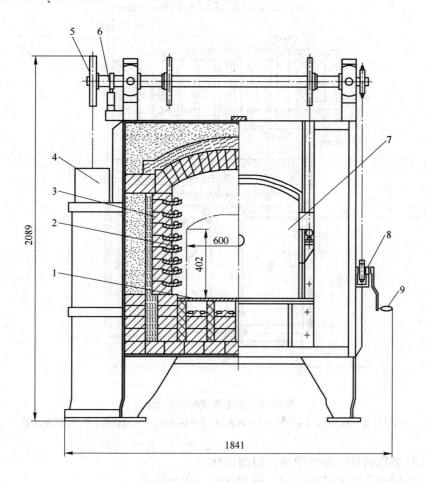

图 33-1　中温箱式电阻炉结构

1—炉底板；2—电热元件；3—炉衬；4—配重；5—炉门升降机构；
6—限位开关；7—炉门；8—手摇链轮；9—手摇把手

箱式电阻炉安全技术操作规程如下：

（1）使用时切勿超过电阻炉规定的最高温度。

（2）装取试样时一定要切断电源，以防触电。

（3）装取试样时炉门开启时间应尽量短，以延长电阻炉使用寿命。

（4）禁止向炉膛内灌注任何液体。

（5）不得将沾有水和油的试样放入炉膛，不得用沾有水和油的夹子装取试样。

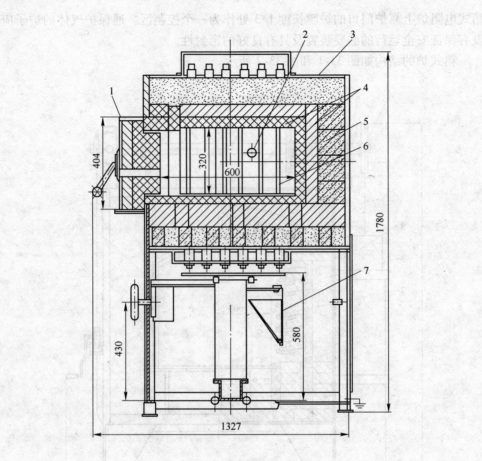

图 33-2　高温箱式电阻炉结构

1—炉门；2—测温孔；3—炉壳；4—耐火层；5—保温层；6—硅碳棒；7—调压变压器

（6）装取试样时要戴手套，以防烫伤。

（7）试样应放在炉膛中间，整齐放好，切勿乱放。

（8）不得随便触摸电阻炉及周围的试样。

（9）使用完毕后应切断电源、水源。

（10）未经管理人员许可，不得操作电阻炉，操作时严格按照设备的操作规程进行操作。

三、实验设备及材料

（1）箱式电阻炉（高、中、低温）。

（2）箱式电阻炉的温度控制器。

（3）测温热电偶。

四、实验方法及步骤

（1）仔细阅读箱式电阻炉的操作说明书，从理论上掌握箱式电阻炉的结构以及操作。

（2）拆卸箱式电阻炉的外壳以及各个组件，掌握箱式电阻炉的内部结构以及工作原理。

（3）安装好箱式电阻炉。

（4）学习掌握箱式电阻炉的温度控制器以及测温装置的使用方法。

（5）开炉升温，利用箱式电阻炉处理试样，掌握电阻炉的操作。

（6）记录并绘制出箱式电阻炉的结构简图。

五、实验报告要求

（1）绘制出箱式电阻炉的结构简图并标明箱式电阻炉各个部件的位置。

（2）讨论分析影响箱式电阻炉使用性能的因素。

实验 34 箱式炉温度控制系统

一、实验目的

（1）掌握闭环控制系统的原理。

（2）了解热电偶测温的原理及应用。

（3）了解 PLC 的工作原理及应用。

二、实验原理

控制箱式炉的温度，使其温度按设定的温度值变化。

系统原理框图如图 34-1 所示，用热电偶测量温度，将信号输入 PLC 模拟量输入模块 AI，与给定值进行比较，按一定的控制规律，PLC 根据偏差信号通过模拟量输出模块 AO 输出对应的输出信号给执行器，单相电力控制器作为执行器，根据 PLC 的输出信号调整可控硅进而控制电压连续变化，从而使箱式炉的实际功率发生变化，最终使炉腔温度按设定值变化。用触摸屏作为人机界面对系统参数进行显示，并接受给定值的设定。

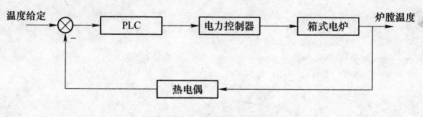

图 34-1 系统原理框图

测温元件采用带温度变送器的一体式 K 分度热电偶，测量范围为 0 ~ 1300℃，输出信号为 4 ~ 20mA 电流。

PLC 采取循环扫描工作方式，在每一个扫描周期，扫描通信接口，接受编程电缆信号使用户程序发生改变，通信接口与人机界面发生数据交流，更新人机界面的数据显示和接受参数的设定。扫描 I/O 接口，对输入输出更新，所以输入输出存在滞后。

电力控制器的控制方式为 4 ~ 20mA 连续模拟输入，电压变化范围为 0 ~ 98%，最大电流为 45A，供电电压为 220V。

三、实验设备及材料

（1）西门子 S7-300PLC 一套（包括 CPU 模块 315-2DP、电源模块 PS307、

AI、AO、DI、DO）。

（2）SBWR-K 热电偶 1 只。

（3）欧姆龙 G3PW-A245 单相电力控制器 1 套。

（4）西门子触摸屏 1 只。

（5）开关电源、端子等。

（6）编程用 PC 1 台。

四、实验方法及步骤

（1）掌握 PLC、热电偶、电力控制器的结构和原理。

（2）用连接导线将控制系统各元器件连接，注意接线方式。

（3）在编程环境中编制 PLC 程序，了解梯形图编程的方法。

（4）将程序用编程电缆下载到 PLC 中，运行，并实时监控，观察实测温度的改变。

五、实验报告要求

（1）简述 PLC 的工作原理。

（2）说明闭环控制系统的组成。

实验 35　计算机集散控制系统

一、实验目的

（1）掌握计算机集散控制系统的原理。

（2）了解第三方组态软件——组态王的原理及应用。

（3）了解工控机 IPC 的原理及与 PLC 的接口。

二、实验原理

对箱式炉温度控制系统建立一套上位机显示和控制的集散控制系统。

对于已经建立的 PLC 温度现场控制单元，通过 PLC 的通信接口，通过通信电缆与上位机进行数据通信。将控制系统的现场运行参数在上位机集中显示，上位机还可接受设定参数数据，将其下传到 PLC，改变控制系统的运行参数，从而实现远方集中控制。

上位机采用工控机，其背板上可插西门子公司 5611 卡，通过 DP 电缆与 PLC 进行数据通信。

系统软件采用第三方组态软件——组态王，进行组态，编程简单工作量小，组态王针对主流 PLC 设备及输入输出模块都开发了相应的驱动，编程时只需调用，并做简单的设置。

组态程序是一系列显示操作界面，每一个参量都定义了变量，并与相应的硬件变量对应起来，变量之间可做各种进制的换算，并可进行存储、建立历史数据库等，不仅进行实时的显示操作，还可进行日志和数据的统计管理。

工控机在可靠性和抗干扰性上优于 PC，且提供了丰富的硬件接口电路，但操作却和普通 PC 一样便利，很适合作为集散控制系统的上位机。

三、实验设备及材料

（1）研华工控机 1 套。

（2）西门子 5611 数据卡 1 块。

（3）DP 接头及电缆。

（4）组态王 512 点开发版软件 1 套。

（5）PLC 温度控制系统 1 套。

四、实验方法及步骤

（1）认识工控机的结构和原理。

（2）将 5611 数据卡与工控机连接，并用 DP 电缆将 5611 卡与 PLC 的通信口连接。

（3）在组态王开发系统中定义界面和变量，将其与 PLC 的数据变量对应起来。

（4）调试组态王与 PLC 的通信。

（5）运行组态程序，观察实时温度的变化。

五、实验报告要求

（1）论述通信接口和 I/O 接口有何不同。

（2）简述计算机集散控制系统 DCS 的组成。

实验 36　井式气体渗碳炉结构与操作

一、实验目的

(1) 掌握渗碳的原理以及操作工艺。

(2) 了解井式气体渗碳炉各个部位的结构和特点。

(3) 会使用井式气体渗碳炉进行一些简单的渗碳工艺操作。

二、实验原理

(一) 渗碳

渗碳是指使碳原子渗入到钢表面层的过程。也是使低碳钢的工件具有高碳钢的表面层，再经过淬火和低温回火，使工件的表面层具有高硬度和耐磨性，而工件的中心部分仍然保持着低碳钢的韧性和塑性。

渗碳工艺是一种十分古老的工艺，在中国，最早可上溯到 2000 年以前。开始是用固体渗碳和介质渗碳，在 20 世纪出现液体和气体渗碳并得到广泛应用。后来又出现了真空渗碳和离子渗碳。到现在，渗碳工艺仍然具有非常重要的实用价值，原因就在于它的合理的设计思想，即让钢材表层接受各类负荷（磨损、疲劳、机械负载及化学腐蚀）最多的地方，通过渗入碳等元素达到高的表面硬度、高的耐磨性和疲劳强度及耐蚀性，而不必通过昂贵的合金化或其他复杂工艺手段对整个材料进行处理。这不仅能用低廉的碳钢或合金钢来代替某些较昂贵的高合金钢，而且能够保持心部有低碳钢淬火后的强韧性，使工件能承受冲击载荷。因此，完全符合节能、降耗、可持续发展的方向。

近年来，出现了高浓度渗碳工艺，与传统工艺在完全奥氏体区（温度在 900 ~ 950℃，渗碳后表面碳质量分数为 0.85% ~ 1.05%）进行渗碳不同，它是在 A_{c1} ~ A_{ccm} 之间的不均匀奥氏体状态下进行，其渗层表面碳浓度可高达 2% ~ 4%，可获得细小颗粒碳化物均匀、弥散分布的渗层。其渗碳温度降至 800 ~ 860℃ 温度范围，可实现一般钢材渗碳后直接淬火；由于高浓度渗碳层含有很高数量（20% ~ 50%）的弥散分布的碳化物，故显示出比普通渗碳更优异的耐磨性、耐蚀性，更高的接触与弯曲疲劳强度，较高的冲击韧度，较低的脆性及较好的回火稳定性。该工艺还具有适用性广、对设备无特殊要求等优点，具有较高的经济效益和实用价值，近年来在国内外获得竞相研究与开发。

(二) 井式气体渗碳炉

井式气体渗碳炉是新型标准节能型周期作业式渗碳电炉，主要供钢制零件气体渗碳用，由于采用超节能炉衬和国际先进的真空密封风机，使炉压升高，无任何漏气，炉温均匀、升温快、保温好，碳势气氛均匀，工件渗碳速度加快，渗层均匀，本系列井式气体渗碳电炉大大提高了生产效率和渗碳质量。

井式气体渗碳炉由炉壳、炉衬、炉盖升降机构、真空密封风机、马弗罐及加热元件等组成（如图 36-1 所示）。炉壳为圆形，它由钢板及型钢焊接而成。炉衬是由 $0.6g/cm^3$ 高强度超轻质微珠真空球节能耐火砖、硅酸铝纤维、膨胀保温粒料等砌筑而成的节能型炉衬结构。炉盖升降机构由电机齿轮箱组成，当需要开启炉盖时，只需按下控制箱上的按钮，炉盖即以均匀的速度上升或下降，为了安全起见，在渗碳炉升降机构上装设有两个行程开关，当炉盖上升时，下边的行程开关自动切断渗碳电炉控制柜主回路电源，使加热元件断电停止工作，上边的行程开关则限制升降轴升起的高度，以防升降轴升起过高，升降丝杆脱出齿轮箱。

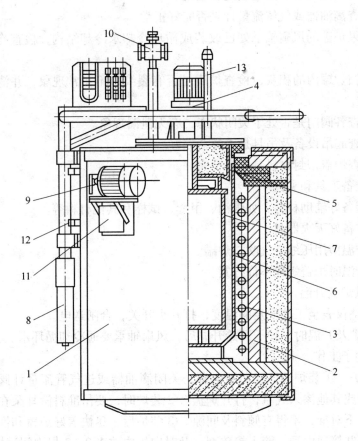

图 36-1 井式气体渗碳炉结构示意图

1—炉壳；2—炉衬；3—加热元件；4—通风机组；5—炉盖；6—炉罐；7—装料筐；
8—液压机构；9—油泵；10—滴量器；11—油桶；12—行程开关；13—排气管

真空密封风机装在炉盖上，它可以搅拌马弗罐中的气氛使之成分均匀，同时使炉温趋于均匀。在炉盖上还备有三个管子直通渗碳电炉马弗罐内，一个管子安装三头不锈钢滴注器，由三头滴注器向炉内滴注甲醇、煤油或其他有机液体，各种液体均可调节。炉盖上的三个管子都有水冷套，以便进入三个管子中的气体快速冷却，马弗罐的作用是维护炉压，保证渗碳的正常进行，它由耐热钢制成，渗碳炉配有冷却桶，用来存放处理后的零件，桶盖处设有砂封槽。

井式气体渗碳炉的操作规程：

（1）开炉前的准备。

1）检查炉盖的升降机构、风扇的运行情况及润滑状况是否良好。

2）检查设备电器部分是否正常，炉盖接地是否良好，电热元件是否有短路或断路现象。

3）检查炉温仪表和热电偶是否正常。

4）检查滴油器或气体流量计是否完好正常。

5）如果炉盖的风扇轴承处已改装成循环冷却水冷却结构，检查冷却水循环是否正常。

6）清扫炉罐内的积灰，检查炉罐是否有裂纹等不正常现象，并清理好管路上其他部位。

7）检查各阀门是否处于关闭状态，有无泄漏现象。

8）检查起吊设备及吊具是否齐全完好。

9）检查炉盖密封材料是否齐全完好。

10）准备工具和夹具。

11）储备好辅助材料，如煤油、甲醇、试样和其他材料等。

12）准备好灭火器材。

13）升温前用压缩空气吹扫炉罐。

14）升温时炉盖螺栓不许拧紧。

（2）烘炉及升温。

1）调整仪表至工艺规定的温度，打开小开关，合闸送电。

2）烘炉及升温时，炉子开始升温后，风扇轴承要通冷却循环水。

（3）炉子工作。

1）装炉。①装炉前，要切断电源，关闭滴油器或进气管流量计阀门，停止供应滴注剂或其他渗入气氛，打开炉盖。②装炉时，要吊准料筐耳朵在炉罐正中放平稳，上下对准，不得有倾斜及间隙。③装炉后，尽快盖好炉盖和恢复好炉子的密封性，并接通电源，滴入渗碳剂，及时向炉内放入2~3根中间试样。

2）渗碳。

3）出炉。①准备好出炉用的吊具，戴好劳动保护用品。②关闭滴油器和炉气管路上各阀门，关闭风扇，切断电源。③打开试样孔及排气孔阀门。④启动炉盖、吊车和吊具，对准料筐耳朵起吊，不准斜吊料筐。

（4）停炉。

1）直接降温的炉子，炉温降至400℃停风扇，降至200℃以下或室温停冷却循环水。

2）保温待用的炉子，可降至300℃保温，炉内应滴入少量渗碳剂或通入保护气体。

（5）操作注意事项。

1）经常检查仪表的指示温度是否正常，检查周期为15min。

2）经常检查炉子的压力、液体滴注剂滴量，排气管是否堵塞，循环冷却水是否畅通。

3）炉子最高使用温度不得超过设计温度。

4）炉温低于750℃禁止向炉内滴入液体滴注剂或送入保护气。

5）定期加润滑油，每天至少一次。

6）炉罐、电热元件和风扇护板要定期检查，滴油器和排气管要定期清理。

7）每季度核对控温仪表一次，每半年核对热电偶一次。

8）出炉一定要平稳，严禁料筐撞碰炉罐。

注意：操作人员经考试合格取得操作证，方可进行操作，操作者应熟悉本机的性能、结构等，并要遵守安全和交接班制度。

三、实验设备及材料

（1）井式气体渗碳炉。

（2）微电脑程序控制仪。

（3）测温热电偶。

四、实验方法及步骤

（1）仔细阅读井式气体渗碳炉的操作说明书，从理论上掌握井式气体渗碳炉的结构以及操作。

（2）观察井式气体渗碳炉的结构以及各个组件，掌握井式气体渗碳炉的内部结构以及工作原理。

（3）进行开炉前的准备工作。

（4）烘炉并进行升温。

（5）操作井式渗碳炉对工件进行渗碳处理。

（6）停炉并取出试样，观察工件的渗碳状况。

（7）记录并绘制出井式渗碳炉的结构简图。

五、实验报告要求

（1）绘制出井式渗碳炉的结构简图并标注各个部件的位置。

（2）简述使用井式渗碳炉时应该注意的问题。

实验 37　铝合金阳极氧化实验

一、实验目的

（1）掌握铝及其合金的阳极氧化处理、氧化膜封闭处理、氧化膜着色处理的操作方法。

（2）了解铝及其合金氧化膜封闭处理的意义。

（3）了解铝及其合金氧化膜着色处理的原理。

二、实验原理

将铝及铝合金置于适当的电解液中作为阳极进行通电处理，此过程称为阳极氧化。经过阳极氧化，铝表面能生成几十至几百微米的氧化膜。这层氧化膜的防腐性、耐磨性及装饰性（新生成的氧化膜可以用有机或无机着色剂使铝的表面着色）等比原来的金属都有明显的改善与提高。铝的阳极氧化着色技术广泛应用于铝材加工、装饰材料、飞机、汽车及精密仪器零件制备上。

在铝的阳极氧化的工艺过程中，铅作为阴极，铝作为阳极，一定浓度的 H_2SO_4 溶液作为电解液，电解氧化过程发生的反应是

阴极：
$$2H^+ + 2e^- === H_2 \uparrow$$

阳极：
$$2OH^- - 2e^- === [O] + H_2O$$

$$3[O] + 2Al === Al_2O_3$$

在氧化过程中，H_2SO_4 还会使 Al_2O_3 膜部分溶解，所以要控制氧化条件，使氧化膜的生成速度大于溶解速度，才可得到一定厚度的氧化膜。

氧化膜的厚度检验，可用 $K_2Cr_2O_7$ 和 HCl 氧化膜质量检验液，利用 Al 和 $K_2Cr_2O_7$ 反应生成绿色 $CrCl_3$ 的快慢进行比较，其反应如下：

$$Al_2O_3 + 6HCl === 2AlCl_3 + 3H_2O$$

$$2Al + 6HCl === 2AlCl_3 + 3H_2 \uparrow$$

$$2Al + K_2Cr_2O_7 + 14HCl === 2AlCl_3 + 2CrCl_3 + 2KCl + 7H_2O$$

三、实验设备及材料

（1）实验设备：直流稳压稳流电源，水浴锅，电子天平，电解槽，烘箱，温度计，钢质镊子，试管，滴管，烧杯。

（2）实验材料：铝片，铅电极，H_2SO_4，HNO_3，NaOH，苯，无水酒精，导线。

可选用的无机着色液见表 37-1。

表 37-1　无机着色液

染出颜色	1 号/g·L^{-1}	2 号/g·L^{-1}
蓝或天蓝	10~50 亚铁氰化钾	10~100 氯化钾
橙黄色	50~100 硝酸银	5~10 铬酸钾
金黄色	10~50 硫代硫酸钠	10~50 高锰酸钾
白色	30~50 氯化钾	30~50 硫酸钠
褐色	10~50 铁氰化钾	10~100 硫酸铜

有机着色液：0.2% 的茜素红水溶液。

氧化膜质量检验液：$K_2Cr_2O_7$ 3g，HCl 25mL，H_2O 75mL。

四、实验方法与步骤

（一）准备工作

取铝片，测出电解时浸入电解液中的表面积（cm^2），按下列程序进行表面处理。

（1）有机溶剂除油：用镊子夹棉花球蘸苯擦洗铝片，再用酒精擦洗，最后用自来水冲洗（除油后的铝片不能再用手去拿）。

（2）碱洗：将除油后的铝片浸入 60~70℃ 的 2mol/dm^3 的 NaOH 溶液中，约 1min 取出用水冲洗干净。

（3）酸洗：将铝片放在 10% HNO$_3$ 溶液中浸 1min，中和零件表面的碱液，取出后用自来水冲洗，然后放在水中待用。

（4）硫酸阳极氧化溶液配制：先将欲配制 3/4 体积的蒸馏水加入烧杯中，将计量的硫酸在强搅拌下缓缓加入，然后加蒸馏水至所需体积，搅拌均匀并使其冷却至规定温度。

（二）阳极氧化

以铅作阴极、铝片作阳极，连接电解装置（见图 37-1），电解液为 15% 的 H$_2$SO$_4$ 溶液，接通直流稳压稳流电源，使电流密度保持在 15~20mA/cm^2 范围内，电压为 15V 左右。通电 40min（电解液温不得超过 25℃），切断电源，取出铝片用自来水冲洗，洗好后在冷水中保护，要在 30min 以内进行着色处理。阳极氧化处理工艺也可从表 37-2 中选取。

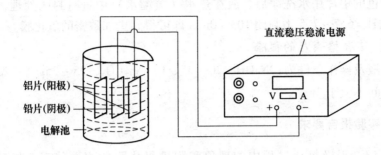

图 37-1　铝的阳极氧化装置

表 37-2　硫酸阳极氧化的配方及工艺条件

配方及工艺条件	直 流 法		交 流 法
	1	2	
硫酸/$g \cdot L^{-1}$	50~200	160~170	100~150
铝离子 Al^{3+}/$g \cdot L^{-1}$	<20	<15	<25
温度/℃	15~25	0~3	15~25
电流密度/$A \cdot dm^{-2}$	0.8~1.5	0.4~6	2~4
电压/V	18~25	16~20	18~30
时间/min	20~40	60	20~40
搅拌	压缩空气	压缩空气	压缩空气
阴极面积∶阳极面积	1.5∶1	1.5∶1	1∶1

（三）氧化膜质量检查

将铝片干燥后，分别在没有氧化和已被氧化之处各滴 1 滴氧化膜质量检验液。检验液的颜色由于 Cr^{6+} 被还原成 Cr^{3+}，而由橙色变为绿色。绿色出现的时间越迟，氧化膜的质量越好。若液滴干枯尚未变色，可再滴 1 滴，直到液滴变绿色。

（四）着色的封闭处理

经氧化处理后的铝片用无机化合物（或有机染料）着色。用无机化合物着色时，按无机着色液依次（先 1 号，后 2 号）在彼此相互作用并形成不溶性的有色化合物的盐类溶液中分别进行，在室温下于溶液中浸 5~10min，即可取出，用水将铝片洗净，再放入另一种溶液中浸 5~10min，取出后用水洗净。

将着色的铝片用水洗净后，放在热水（蒸馏水）中进行封闭处理，在 95 ~ 100℃ 及 pH = 6.7 ~ 7.5 下封闭 10 ~ 30min 即可得到更加致密的氧化膜。

（五）不合格膜层的褪除

褪膜液及操作条件为：NaOH，20 ~ 35g/L；Na_2CO_3，25 ~ 35g/L；温度 40 ~ 55℃；时间不大于 3min。

五、实验报告要求

（1）记录阳极氧化过程中的现象和阳极氧化膜的表面状态，将其填入表 37-3 中。

表 37-3　实验数据表

序号	氧化处理时间 T/min	封闭情况	膜厚 δ/μm				从检验液滴滴入至变绿色的时间 t_1/min			
			1	2	3	平均	第一滴	第二滴	第三滴	平均
1										
2										
3										

（2）氧化膜的封闭处理方法有哪些？

（3）氧化膜的着色方法有哪些？

（4）分析讨论阳极氧化处理、封闭处理对膜厚和耐蚀性的影响。

参 考 文 献

[1] 潘清林，孙健林. 材料科学与工程实验教程（金属材料分册）[M]. 北京：冶金工业出版社，2011.

[2] 周玉. 材料分析方法 [M]. 第2版. 北京：机械工业出版社，2011.

[3] 宋维锡. 金属学 [M]. 第2版. 北京：冶金工业出版社，2012.

[4] 葛利玲. 材料科学与工程基础实验教程 [M]. 北京：机械工业出版社，2008.

[5] 邹贵生. 材料加工系列实验 [M]. 北京：清华大学出版社，2005.

[6] 洪班德，崔约贤. 材料电子显微分析实验技术 [M]. 哈尔滨：哈尔滨工业大学出版社，1990.

[7] 石德珂，金志浩. 材料力学性能 [M]. 西安：西安交通大学出版社，1998.

[8] 郑修麟. 材料的力学性能 [M]. 第2版. 西安：西北工业大学出版社，2010.

[9] 朱光明，秦华宇. 材料化学 [M]. 北京：机械工业出版社，2009.

[10] 王从曾. 材料性能学 [M]. 北京：北京工业大学出版社，2010.

[11] 杨明波. 金属材料实验基础 [M]. 北京：化学工业出版社，2008.

[12] 戴雅康. 金属力学性能实验 [M]. 北京：机械工业出版社，1991.

[13] 米国发. 材料成型及控制工程专业实验教程 [M]. 北京：冶金工业出版社，2011.

[14] 丁修堃. 轧制过程自动化 [M]. 第3版. 北京：冶金工业出版社，2009.

[15] 常铁军，刘喜军. 材料近代分析测试方法 [M]. 哈尔滨：哈尔滨工业大学出版社，2010.

[16] 徐瑞，严青松. 金属材料液态成型实验教程 [M]. 北京：冶金工业出版社，2012.

[17] 那顺桑. 金属材料工程专业实验教程 [M]. 北京：冶金工业出版社，2004.

[18] 张庆钧. 材料现代分析测试实验 [M]. 北京：化学工业出版社，2006.

[19] 李树堂. X射线衍射实验方法 [M]. 北京：冶金工业出版社，2000.

[20] 潘春旭. 材料物理与化学实验教程 [M]. 长沙：中南大学出版社，2008.

[21] 潘清林. 材料现代分析测试实验教程 [M]. 北京：冶金工业出版社，2011.

[22] 程方杰. 材料成型与控制实验教程（焊接分册）[M]. 北京：冶金工业出版社，2011.